Erzähl mir alles!

Michael Saller

Erzähl mir alles!

Mit den Vernehmungsmethoden der Profis effektiver kommunizieren und verhandeln

Michael Saller
Betriebswirtschaft
Ernst-Abbe-University of Applied Sciences
Jena, Thüringen, Deutschland

ISBN 978-3-658-45571-2   ISBN 978-3-658-45572-9 (eBook)
https://doi.org/10.1007/978-3-658-45572-9

Die Deutsche Nationalbibliothek verzeichnet diese Publikation in der Deutschen Nationalbibliografie; detaillierte bibliografische Daten sind im Internet über https://portal.dnb.de abrufbar.

© Der/die Herausgeber bzw. der/die Autor(en), exklusiv lizenziert an Springer Fachmedien Wiesbaden GmbH, ein Teil von Springer Nature 2024

Das Werk einschließlich aller seiner Teile ist urheberrechtlich geschützt. Jede Verwertung, die nicht ausdrücklich vom Urheberrechtsgesetz zugelassen ist, bedarf der vorherigen Zustimmung des Verlags. Das gilt insbesondere für Vervielfältigungen, Bearbeitungen, Übersetzungen, Mikroverfilmungen und die Einspeicherung und Verarbeitung in elektronischen Systemen.
Die Wiedergabe von allgemein beschreibenden Bezeichnungen, Marken, Unternehmensnamen etc. in diesem Werk bedeutet nicht, dass diese frei durch jede Person benutzt werden dürfen. Die Berechtigung zur Benutzung unterliegt, auch ohne gesonderten Hinweis hierzu, den Regeln des Markenrechts. Die Rechte des/der jeweiligen Zeicheninhaber*in sind zu beachten.
Der Verlag, die Autor*innen und die Herausgeber*innnen gehen davon aus, dass die Angaben und Informationen in diesem Werk zum Zeitpunkt der Veröffentlichung vollständig und korrekt sind. Weder der Verlag noch die Autor*innen oder die Herausgeber*innen übernehmen, ausdrücklich oder implizit, Gewähr für den Inhalt des Werkes, etwaige Fehler oder Äußerungen. Der Verlag bleibt im Hinblick auf geografische Zuordnungen und Gebietsbezeichnungen in veröffentlichten Karten und Institutionsadressen neutral.

Planung/Lektorat: Irene Buttkus
Springer ist ein Imprint der eingetragenen Gesellschaft Springer Fachmedien Wiesbaden GmbH und ist ein Teil von Springer Nature.
Die Anschrift der Gesellschaft ist: Abraham-Lincoln-Str. 46, 65189 Wiesbaden, Germany

Wenn Sie dieses Produkt entsorgen, geben Sie das Papier bitte zum Recycling.

Vorwort

In dem Buch „Erzähl mir alles" geht es um Information und Wahrheit, um Lügen und Irrtümer. Es geht darum, wie Sie Ihren Gesprächspartnern möglichst viele hochwertige Informationen entlocken.

Es gibt Menschen, deren Job ist es, Beweise zu sammeln. Polizisten, Staatsanwälte und Richter beispielsweise müssen einen Sachverhalt erst ermitteln, bevor sie Anklage erheben oder Beschuldigte verurteilen können. Die Strafverfolgungsbehörden beschäftigen sich seit vielen Jahrzehnten umfassend mit Fragestellungen rund um Informationsgewinnung und nutzen ausgeklügelte Methoden, um von Zeugen und Tätern Auskunft zu erlangen. Dabei ist vor Gericht der sogenannte „Personalbeweis" – also der Beweis, der durch die Aussage einer Person erbracht wird, – immer noch von höchster Bedeutung. Die Urteile von etwa 95 % aller Strafverfahren und 70 % aller Zivilverfahren beruhen auf Zeugenaussagen. Doch der Personalbeweis ist fehleranfällig. Denn der Mensch ist nicht zum perfekten Zeugen geschaffen.

Bevor ich Professor für Wirtschaftsrecht wurde, arbeitete ich lange Zeit als Ermittler beim Bundeskartellamt, zunächst als Referent der

Sonderkommission Kartellbekämpfung, später als sogenannter „Beisitzer" einer Beschlussabteilung.[1] Dabei war ich für die Verfolgung von Kartellen zuständig, also illegalen Absprachen zwischen Unternehmen zu Lasten von Verbrauchern. In dieser Funktion habe ich dutzende Interviews geführt und mich in Zusammenarbeit mit Polizeischulen und anderen Institutionen intensiv mit der Informationsgewinnung beschäftigt. Anschließend habe ich als Senior Expert und Teamleiter bei der Organisation for Economic Cooperation and Development (OECD) in Paris Projekte in Rumänien, Mexiko und in zehn asiatischen Staaten geleitet sowie Abschlussberichte für die jeweiligen Regierungen geschrieben. Die OECD ist eine zwischenstaatliche Organisation, bestehend aus wirtschaftsstarken Ländern wie den USA, Deutschland oder Mexiko. Sie dient als „Think Tank", um Mitgliedstaaten dabei zu beraten, wie sie bessere Gesetze erlassen können. Im Rahmen meiner Tätigkeit habe ich Interviews mit Vertretern von wichtigen Wirtschaftsverbänden, mit Vorständen großer Unternehmen und Regierungsvertretern geführt. Während dieser Arbeit fiel mir auf, dass viele der Methoden eines Ermittlers auch in alltäglichen Gesprächen nützlich sind. Die Erkenntnisse von Strafverfolgungsbehörden in punkto Informationsgewinnung sind erlernbar und für jeden relevant, der aktiv zuhören und gezielter kommunizieren möchte!

In diesem Buch teile ich meine Erkenntnisse mit Ihnen und erkläre, wie Sie sie für sich nutzen können. In Gesprächen, einer Verhandlung, einem Interview oder in einer Vernehmungssituation. Immer wenn es um Informationsgewinnung, um das Aufklären von Sachverhalten und das Finden von Wahrheiten geht, wollen wir so viel wie möglich und vor allem Glaubhaftes erfahren. Dieses Buch zeigt Ihnen, wie Sie Lügen aufdecken und Wahrheiten gezielt herausfiltern. Sie lernen verschiedene Vernehmungsmethoden kennen, mit denen Sie ihren Gesprächspartner zum Sprechen bringen. Sie erkennen, warum viele Menschen

---

[1] Das Bundeskartellamt gliedert sich in zwölf, nach Branchen gegliederte, Beschlussabteilungen, die Entscheidungen über Kartelle, Zusammenschlüsse und missbräuchliche Verhaltensweisen treffen.
   In den Beschlussabteilungen wird jeder Fall von einem sog. Kollegialgremium entschieden, welches sich aus dem Vorsitzenden der jeweiligen Beschlussabteilung und zwei Beisitzern zusammensetzt. Die Entscheidungen sind Mehrheitsentscheidungen.

(un-)absichtlich Falschauskünfte geben und wie Irrtümer entstehen. Ich erzähle Ihnen auch, wie Ermittler Geständnisse provozieren. Alles mit dem einen Ziel, ein Gespräch erfolgreich zu *führen*.

Drei Hinweise, bevor wir beginnen: Ich werde in diesem Buch Beispiele aus meiner Praxis als Anwalt, als Ermittler beim Bundeskartellamt und als Teamleiter bei der OECD nennen. Um die Vertraulichkeit zu wahren, habe ich entsprechende Situationen anonymisiert und teils kreativ ergänzt bzw. abgewandelt, sodass keine Rückschlüsse auf spezifische Personen oder einen bestimmten Fall möglich sind. Weiterhin werde ich auf wissenschaftliche Studien verweisen und zeigen, zu welchen Erkenntnissen verschiedene Experten gelangt sind, die zu Fragetechniken forschen und darüber Bücher veröffentlicht haben. Last but not least: Wer sich über dieses Buch hinaus für das Thema interessiert, dem habe ich eine Liste mit relevanter Literatur angehangen. Im Übrigen finden Sie zusätzliche Informationen auf meiner Webseite www.erzaehlmiralles.de.

Michael Saller

Inhaltsverzeichnis

Teil I Was ist eigentlich eine Vernehmung? – Ziele und Methoden für den Informationsgewinn

1	**Ziele und Methoden zum Informationsgewinn**	3
	Literatur	6
2	**Zwei Fälle aus dem Strafrecht: Kachelmann und Mollath**	7
2.1	Der Fall Kachelmann	7
2.2	Der Fall Mollath	10
2.3	Meine Erfahrungen bei Vernehmungen	12
	Literatur	14
3	**Vernehmung nach der Deutschen Strafprozessordnung**	15
3.1	Phase 1: Das Kontaktgespräch	20
3.2	Phase 2: Bekanntgabe des Untersuchungsgegenstandes	20
3.3	Phase 3: Belehrung	21
3.4	Phase 4: Vernehmung zur Person	21

3.5	Phase 5: Die Vernehmung zur Sache: freier Bericht und Verhör	23
	3.5.1 Der freie Bericht	24
	3.5.2 Das Verhör	25
3.6	Phase 6: Das Nachgespräch	26
	Literatur	26

4 Verschiedene Vernehmungsmethoden — 27

4.1	Methoden zur Informationsgewinnung	31
	4.1.1 Das Kognitive Interview	31
	4.1.2 Die PEACE-Methode	33
	4.1.3 Das journalistische Interview	35
	4.1.4 „Enhanced Interrogation"	36
4.2	Methoden, um ein Geständnis zu erlangen	42
	4.2.1 Festlegungsmethode	42
	4.2.2 Die Reid-Methode	43
4.3	Merksätze aus Teil 1	44
	Literatur	45

Teil II Die Lüge

5 Glaubwürdigkeit und Glaubhaftigkeit — 49
Literatur — 52

6 Meine Erfahrung mit Lügen in der Vernehmung — 53
6.1 Der vergessliche Zeuge — 54
6.2 Vier Arten von aktiven Lügen — 56

7 Erkenntnisse aus der Mentiologie — 61
Literatur — 63

8 Lügen und Körpersprache — 65
8.1 Der Lügendetektor — 68
  8.1.1 Die Kontrollfragen-Technik — 69
  8.1.2 Die Tatwissentechnik — 70
Literatur — 72

9	**Das Motiv hinter einer Aussage**	**75**
	Literatur	78
10	**Die Undeutsch-Hypothese**	**79**
	10.1 Glaubhaftigkeitskriterium Detailgrad	82
	10.2 Glaubhaftigkeitskriterium Strukturgleichheit	84
	10.3 Glaubhaftigkeitskriterium Nichtsteuerung	85
	10.4 Glaubhaftigkeitskriterium Konstanz	87
	10.5 Weitere Glaubhaftigkeitsmerkmale	89
	10.6 Die perfekte Lüge?	90
	Literatur	92
11	**Warnhinweise: Pinocchios Nase existiert nicht (Vrij 2008) – oder vielleicht doch?**	**93**
	11.1 Merksätze aus Teil 2	97
	Literatur	98

Teil III   Wahrnehmung, Erinnerung und Irrtum

12	**Warum Irrtümer menschlich sind**	**101**
13	**Die Wahrnehmung**	**103**
	Literatur	108
14	**Probleme mit der Erinnerung**	**109**
	Literatur	116
15	**Wiedergabe von Erinnerungen**	**119**
16	**Wiedergabetechniken**	**121**
	16.1 Merksätze des dritten Teiles	124

Teil IV   Das Vernehmungsmodell

17	**Phase 1: Vorbereitung**	**129**
	Literatur	132
18	**Phase 2: Opening**	**133**
	Literatur	139

19	**Phase 3 und 4: Regeln für den freien Bericht und die Befragung**	141
	19.1 Phase 3: Der Freie Bericht	146
	19.2 Phase 4: Die Befragung	149
	19.3 Fünf Killerfragen	153
	Literatur	157
20	**Optional: Das Geständnis**	159
	20.1 Fünf Schritte, um ein Geständnis zu erlangen	162
	Literatur	169
21	**Ende der Befragung und informelles Nachgespräch: Five minutes that matter**	171
	21.1 Merksätze des vierten Teils	173
22	**30 Tipps für eine effizientere Gesprächsführung**	175
Weiterführende Literatur		179

Teil I
Was ist eigentlich eine Vernehmung? – Ziele und Methoden für den Informationsgewinn

1
Ziele und Methoden zum Informationsgewinn

Im Rahmen meiner Tätigkeit als Projektleiter bei der Organisation for Economic Cooperation and Development (OECD) verhandelte ich einmal mit einem rumänischen Staatssekretär des Transportministeriums. In einem gemeinsamen Projekt untersuchte mein Team gemeinsam mit rumänischen Beamten, wie die gesetzlichen Bedingungen im Logistikbereich Rumäniens zu verbessern seien. Als wir dem Staatssekretär unsere Ergebnisse präsentierten, schlug ich eine gemeinsame Konferenz zur Präsentation unserer Ergebnisse vor. Doch der Staatssekretär schob Terminprobleme vor, vermied jedwede Festlegung und erschien allgemein desinteressiert. Das überraschte mich, handelte es sich doch um eines der größten Projekte seines Ministeriums, welches der damalige Premierminister ausdrücklich unterstützte. Mir wurde recht schnell klar, dass etwas anderes hinter den Einwänden stecken musste. Zwei Tage später las ich in der Zeitung, der Staatssekretär sei bereits vor einiger Zeit politisch in Ungnade gefallen und solle in den kommenden Tagen abgelöst werden. Dass seine Zeit begrenzt war, wusste er natürlich in unserem Gespräch bereits. Er war außerstande, unsere Vorschläge umzusetzen, wollte dies aber nicht zugeben, bevor seine Ablösung offiziell bekannt gegeben wurde.

Ein anderes Mal, während meiner Zeit als Anwalt, verhandelte meine Kanzlei einen Hotel- und Grundstücksdeal mit einem Investor. Eine Erbengemeinschaft plante ein Hotel samt großzügigen Grundstück an einen Investor zu verkaufen. Dieser wollte das Hotel zu Eigentumswohnungen umbauen. Die Verträge waren bereits vor einem Notar geschlossen und auf eine siebenstellige Summe dotiert – doch die Zahlung des Investors auf das Konto meiner Mandanten blieb aus. Auf meine Nachfrage hin folgten Ausflüchte des Investors, angebliche Baumängel, Denkmalschutz und weshalb das Geschäft für den Investor nun doch nicht mehr interessant sei. Meine Kanzlei wies auf die bereits unterzeichneten Dokumente hin – „pacta sunt servanda", sprich: Verträge sind einzuhalten. Doch die Zahlung blieb weiterhin aus. Was sollten wir also tun? Entweder hätten wir uns auf die Verträge berufen und den Deal vor dem Landgericht einklagen können. Der Prozess würde allerdings voraussichtlich rund zwei Jahre dauern und einige Mitglieder der Erbengemeinschaft benötigten das Geld sofort, ältere Erben befürchten gar, das Ende eines langwierigen Prozesses nicht mehr zu erleben. Zudem stand eine Insolvenz des Investors im Raum. Würden wir den Prozess also gewinnen, und der Angeklagte meldete daraufhin Insolvenz an, so wäre dies ein Pyrrhussieg. Trotz Urteil würden wir dann vom insolventen Unternehmen kein Geld erhalten und womöglich sogar auf den Gerichtskosten sitzen bleiben. Wir mussten also schnell herausfinden, warum der Investor abspringen wollte: Hatte er wirklich das Interesse verloren? War dies eine Verhandlungstechnik, um den Preis zu drücken? Bestand tatsächlich die Gefahr einer Insolvenz? Oder gab es noch ganz andere Hürden, die wir bisher übersehen hatten? Im vierten Teil dieses Buches erkläre ich, wie wir durch gezielte Fragetechniken letztendlich zu einer akzeptablen Lösung gelangten.

Bei einer Vernehmung geht es darum, Wissen zu generieren. Genauso wie bei der oben genannten Verhandlung mit dem Hotelinvestor, dem Projekt mit dem Staatssekretär, bei einem journalistischen Interview, einer sogenannten Due Diligence, dem Verkaufsgespräch oder auch bei Preisverhandlungen mit einem Zulieferer. Wissen ist Macht – Informationen zeigen uns unsere Möglichkeiten und auch unsere Grenzen.

Der ehemalige FBI-Verhandlungsführer Chris Voss sagte einmal, dass ein guter Verhandlungsführer eine gelungene Verhandlung mit solider

Vorbereitung beginnt, ein exzellenter Verhandlungsführer allerdings die Verhandlung selbst nutzt, um zusätzliche Informationen zu erlangen (Voss und Raz 2017). Leider offenbart uns unser Gesprächspartner meist nicht alle Informationen, sei es aus wirtschaftlichem Interesse, Angst vor Sanktionen, Scham oder Selbstschutz. Manchmal sind die Auskünfte unvollständig, teils täuscht uns unser Gesprächspartner auch oder irrt sich vielleicht. Ermittler stellen sich deshalb vor Vernehmungen entsprechende Fragen: Wie bringe ich den Zeugen oder Beschuldigten dazu zu sprechen? Welche Fragen stelle ich? Wie gewinne ich möglichst aufschlussreiche Informationen oder erhalte gar ein Geständnis? Wie durchschaue ich Lügen und erkenne Irrtümer?

Viele Erkenntnisse aus der Vernehmungslehre können auch außerhalb dieser genutzt werden. Der Ermittler steuert das Gespräch – „Wer fragt, der führt" –, nutzt dazu bestimmte Fragetechniken und muss später beurteilen, wie zuverlässig die Aussagen seines Gegenübers sind. Manche Zeugen und Beschuldigte werden bereitwillig Informationen liefern, doch andere werden, wenn es für sie vorteilhaft ist, lügen, Fakten verschweigen oder die Aussage gänzlich verweigern. Einer Studie von John Baldwin zufolge, bei der etwa 600 Tonbandaufzeichnungen von Vernehmungen Verdächtiger untersucht wurden, zeigten sich 73 % der Befragten kooperativ, 14 % waren unangenehm oder schwierig, 7 % gaben sich selbstsicher und/oder großspurig und 6 % reumütig bis hin zu weinerlich. Etwas mehr als die Hälfte der Befragten gab ein Geständnis ab – 36 % ein volles Geständnis gleich zu Beginn der Vernehmung, 16 % ein Teilgeständnis, 3 % der Befragten stritten eine Tat zunächst ab und gestanden im weiteren Verlauf dann doch ihre Schuld. Dagegen stritten rund 33 % während der Vernehmung alles ab und 2 % schwiegen während der gesamten Vernehmung (Baldwin 1993).

>> **Die Tatsache als solche existiert nicht.**

Manchmal irren Gesprächspartner auch. Zwar erwarten wir von Zeugen, über Tatsachen richtig und umfänglich auszusagen. Nun gibt es die Tatsache als solche aber nicht. Denn was ein Zeuge aussagt, sind seine

Beobachtungen und die Folgerungen, die er daraus gezogen hat. Sieht beispielsweise eine Zeugin eine knapp zwei Meter große Person mit kurzen Haaren, so könnte sie aussagen, einen großen Mann gesehen zu haben. Dies kann wahr sein – aber eben auch falsch. Die Person könnte beispielsweise auf einem Podest gestanden haben oder eine sehr große Frau mit kurzen Haaren gewesen sein. Die Folgerung, es handele sich bei dieser Größe und der Frisur wahrscheinlich um einen Mann, mag zu 95 % zutreffen, zwingend richtig ist sie jedoch nicht. Für den Zeugen mag es eine Tatsache sein, faktisch betrachtet ist es jedoch eine Beobachtung in Kombination mit einem logischen Schluss.

Literatur

Baldwin, J. (1993). Police Interview Techniques: Establishing Truth or Proof? The British Journal of Criminology, 33(3), 325–352

Voss C/Raz T (2017) Never split the difference: Negotiation as if your life depended on it, Random House Business, New York, USA

2
Zwei Fälle aus dem Strafrecht: Kachelmann und Mollath

In der Strafverfolgung geht es oft um Leben und Tod beziehungsweise um Freiheit oder Gefängnis, wenn zu beurteilen ist, ob ein Zeuge die Wahrheit sagt. Ich möchte an dieser Stelle von zwei Fällen berichten, die in Deutschland eine gewisse Berühmtheit erlangt haben und ausführlich in den Medien besprochen wurden: Der Fall Kachelmann und der Fall Mollath.

2.1 Der Fall Kachelmann[1]

Jörg Kachelmann war bzw. ist immer noch ein bekannter Meteorologe und Wetterjournalist. Im Jahr 2010 wurde er Beschuldigter in einem großen Strafverfahren. Auslöser war die strafrechtliche Anzeige einer Geliebten, Claudia D., einer Radio-Moderatorin aus Schwetzingen. Für Claudia D. war Kachelmann die Liebe ihres Lebens, für Kachelmann

---

[1] Die folgenden Ausführungen zum Tatgeschehen beruhen auf dem Buch „Die Akte Kachelmann" von Thomas Knellwolf (Knellwolf 2011) sowie eigenen Aussagen von Kachelmann in seinem Buch (zusammen mit seiner Frau Miriam Kachelmann) „Recht und Gerechtigkeit" (Kachelmann und Kachelmann 2012).

© Der/die Autor(en), exklusiv lizenziert an Springer Fachmedien Wiesbaden GmbH, ein Teil von Springer Nature 2024
M. Saller, *Erzähl mir alles!*, https://doi.org/10.1007/978-3-658-45572-9_2

war sie eine von vielen Bekanntschaften. Nach Aussage von Claudia D. hatte sie Anfang 2010 einen anonymen Brief erhalten, mit dem Inhalt, dass Kachelmann sie betrüge und mit einer anderen Geliebten eine Reise in die USA plane. Als sie Kachelmann mit dem Brief konfrontierte, habe er ihr ein Messer an den Hals gehalten und sie mehrfach vergewaltigt. Dabei habe er ihr gedroht, sie umzubringen, falls sie gegen ihn aussagen würde. Nach der Vergewaltigung habe sie zunächst mehrere Stunden vor Angst gelähmt dagelegen, bevor sie zur Schwetzinger Polizeidienststelle ging und dort gegen Kachelmann Anzeige erstattete. Die Polizei befragte Claudia D. und schätzte sie als glaubwürdig ein. Es wurden Schnittwunden an Arm, Bauch, Beinen und Hals sowie zahlreiche Prellungen festgestellt. Kachelmann wurde verhaftet und kam in Untersuchungshaft. Bei seiner Vernehmung stellte er den Vorfall allerdings ganz anders dar. Claudia D. sei eine Gelegenheitsgeliebte gewesen, die er im Schnitt vielleicht ein halbes Dutzend Mal pro Jahr gesehen habe. Sie habe ihn beim Fremdgehen erwischt und den angeblich anonymen Brief selbst geschrieben. Da er sowieso kein großes Interesse mehr an dem Verhältnis hatte, habe er die Gelegenheit genutzt, „um die Beziehung ohne große Gegenwehr im beiderseitigen Übereinkommen zu beenden". Claudia D. habe daraufhin beschlossen, sich an ihm zu rächen. Sie habe sich die Verletzungen selbst zugefügt und ihn dann mit dieser, aus seiner Sicht völlig lächerlichen Geschichte angezeigt. In Wirklichkeit habe er weder Claudia D. noch sonst jemanden jemals mit einem Messer bedroht oder vergewaltigt, dass schwöre er bei allem, was ihm heilig sei. Die Geschichte der Claudia D. sei von vorne bis hinten erlogen.

Es stand Aussage gegen Aussage. Entweder log Jörg Kachelmann oder Claudia D. hatte die Geschichte erfunden. Die Mindeststrafe für Vergewaltigung unter Verwendung einer Waffe mit Todesgefahr für das Opfer liegt nach § 177 Absatz 8 des Strafgesetzbuches bei fünf Jahren Gefängnis. Wenn Claudia D. log und das Gericht der Falschaussage glaubte, müsste ein Unschuldiger für mindestens fünf Jahre in den Strafvollzug. Log dagegen Kachelmann und die Justiz spräche ihn frei, dann wäre ein Vergewaltiger auf freiem Fuß und könnte möglicherweise weitere Straftaten begehen.

Für die Polizeidienststelle Schwetzingen war der Fall eindeutig. Sie verhaftete Kachelmann. Das Amtsgericht Mannheim erließ einen Haftbefehl, das Landgericht Mannheim, die 5. große Strafkammer, bestätigte diesen. Polizei, Amtsgericht und Landgericht hielten die Zeugin Claudia D. für glaubwürdig und ihre Aussage für wahr. Doch das Oberlandesgericht Karlsruhe als nächsthöhere Instanz entschied anders. Mit Beschluss vom 29. Juli 2010 wies es auf die unzulängliche Beweislage und das wenig glaubwürdige Aussageverhalten von Claudia D. hin und hob den Haftbefehl wieder auf. Herr Kachelmann sei sofort aus der Untersuchungshaft zu entlassen. Im Hauptverfahren wurde er am 31. Mai 2011 freigesprochen. Da sowohl Staatsanwaltschaft wie auch Nebenklägerin Claudia D. keine Revision einlegten, wurde der Freispruch endgültig. Kachelmann war frei. Doch im Laufe der Strafverfolgung hatte er knapp ein halbes Jahr seines Lebens in Untersuchungshaft verbracht. Die Kosten für seinen Gerichtsprozess gingen in die Hunderttausende und auch nach dem Freispruch blieb es teuer. Zwar trägt die Staatskasse gewisse Anwaltskosten, die meisten musste Kachelmann jedoch selbst entrichten. Die Entschädigung für die zu Unrecht in Haft verbüßte Zeit ist lächerlich gering. Wie er sein Leben in der Justizvollzugsanstalt Mannheim erlebte, hat Kachelmann danach in seinem Buch „Recht und Gerechtigkeit – Ein Märchen aus der Provinz" verarbeitet (Kachelmann und Kachelmann 2012).

War Kachelmann schuldig? Das Landgericht Mannheim hat diese Frage letztendlich offengelassen und ihn aus Mangel an Beweisen und nach dem Grundsatz „Im Zweifel für den Angeklagten" freigesprochen – ein sogenannter Freispruch zweiter Klasse. In der Urteilsbegründung schreiben die Richter: „Der heutige Freispruch beruht nicht darauf, dass die Kammer von der Unschuld von Herrn Kachelmann (...) überzeugt ist."

Grund für die Anklage und die Inhaftierung von Kachelmann waren die Aussagen von Claudia D. Vieles an ihren Schilderungen ließ jedoch an deren Richtigkeit zweifeln. Diese Punkte werde ich in den folgenden Kapiteln genauer beleuchten, zum Beispiel, dass Claudia D. ihre Geschichte mehrfach ergänzte. Oft berief sie sich gezielt auf Erinnerungslücken, da sie sich aufgrund des traumatischen Erlebnisses nicht an das gesamte Tatgeschehen erinnern könne – was bei einem solch schwerwiegenden Ereignis unwahrscheinlich ist. Ihre Beschreibung des Hauptgeschehens, das heißt der Vergewaltigung selbst, blieb vage und mangelte an Details, während sie die Vorgeschichte sehr wortgewandt und lebendig darstellte. Ein Stilbruch. Dabei beteuerte sie immer wieder vehement ihre Wahrheitsliebe – ein Warnhinweis: „Ich habe alles erzählt, wie es war. Ich hasse Lügen. Er lügt." Oft musste sie bei Fragen zu neuen Fakten erst lange und stark nachdenken – die Steuerung der Aussage, ein weiterer Warnhinweis. Zu einzelnen Fragen konnten Claudia D. Unstimmigkeiten zwischen ihrer Aussage und dem wahrscheinlichen Tathergang nachgewiesen werden. Beispielsweise fehlten Kachelmanns DNA-Spuren an der mutmaßlichen Tatwaffe, dem Messer, und die Spermaspuren auf ihrer Bettwäsche deuteten weniger auf eine Vergewaltigung hin als auf einvernehmlichen Sex. Mehrere Rechtsmediziner hielten es für wahrscheinlich, dass sich Claudia D. die Verletzungen an Hals und Oberschenkel selbst zugefügt hatte.

Hätten die Polizei Schwetzingen sowie die Richter des Amts- und Landgerichts Mannheim bereits vorher anhand der Aussagen von Kachelmann und Claudia D. erkennen können, dass mit der Aussage des mutmaßlichen Opfers etwas nicht stimmte? Hätten sie dem Beschuldigten Kachelmann sechs Monate Untersuchungshaft und einen knapp eineinhalb Jahre andauernden und für ihn und die Staatskasse teuren Prozess ersparen können? Vieles deutet darauf hin, dass sich die Ermittlungsbehörden nicht mit Ruhm bekleckert haben und erst durch das Oberlandesgericht Karlsruhe von einem folgenschweren Irrtum abgebracht werden mussten. Wäre das Oberlandesgericht Karlsruhe nicht eingeschritten, und hätte sich Kachelmann als Millionär nicht sehr gute Anwälte sowie eigene Gutachter leisten können, dann hätte er möglicherweise mehr als fünf Jahre seines Lebens in einem Gefängnis und den Rest seines Lebens als verurteilter Sexualstraftäter verbracht.

2.2 Der Fall Mollath[2]

Aussage gegen Aussage stand es auch im Fall Mollath, einer der großen Justizskandale im Nachkriegsdeutschland, der sich im Freistaat Bayern, noch genauer im beschaulichen Regensburg, ereignete. Der Sachverhalt

---

[2] Die Ausführungen zum Fall Mollath beruhen auf den Büchern „Die Affäre Mollath" von Uwe Ritzer und Olaf Przybilla (Ritzer und Przybilla 2013) sowie „Staatsverbrechen – Der Fall Mollath" von Wilhelm Schlötterer (Schlötterer 2021).

2 Zwei Fälle aus dem Strafrecht: Kachelmann und Mollath

selbst war allerdings wenig beschaulich: Der im Jahr 1956 geborene Gustl Mollath wurde im Jahr 2006 aufgrund vermeintlich von ihm ausgehender Gefahr in eine psychiatrische Klinik eingewiesen. Zu Unrecht, wie sich herausstellen sollte. Ein Gutachter hatte zunächst seine Schuldunfähigkeit festgestellt, ein anderer diese bestätigt. Erst sieben Jahre später, im Jahr 2013, wurde er dann jedoch wieder auf freien Fuß gesetzt. Im Jahr 2019 erhielt er vom Freistaat Bayern eine Entschädigung für seine ungerechtfertigte Einweisung in Höhe von rund 670.000 EUR.

Mollaths Einweisung in die geschlossene Psychiatrie beruhte hauptsächlich auf den Aussagen seiner damaligen Ehefrau, einer Vermögensberaterin der Bayerischen Hypo- und Vereinsbank in Nürnberg, mit der er sich in dieser Zeit einen Rosenkrieg lieferte. Mollath hatte sie mit der Behauptung, dass sie als Kurier regelmäßig Schwarzgeld in die Schweiz brachte, bei der Polizei angezeigt. Mollaths Frau wiederum behauptete, dass er sie tätlich angegriffen, geschlagen und sogar gewürgt habe. So stand auch in diesem Fall Aussage gegen Aussage. Das Gericht sowie die psychologischen Gutachter glaubten Mollaths Frau. Seine Ausführungen hingegen wurden als „paranoide Wahnvorstellungen" abgetan. Später zeigte allerdings ein interner Revisionsbericht der bayerischen Hypo- und Vereinsbank, dass Teile von Mollaths Vorwürfen hinsichtlich des Transports von Schwarzgeld durchaus der Wahrheit entsprachen. Zudem sagte ein Zeuge aus, dass Frau Mollath ihm gegenüber geäußert habe: „Wenn Gustl mich ... anzeigt, mache ich ihn fertig! Dann zeige ich ihn auch an, das kannst du ihm sagen. Der ist doch irre. Den lasse ich auf seinen Geisteszustand überprüfen, dann hänge ich ihm was an, ich weiß auch wie." Mit Erfolg! Mehrere forensische Psychiater, die Herrn Mollath entsprechend begutachteten, aber auch beteiligte Staatsanwälte und Richter, glaubten seiner Frau.

Auch hier stellt sich die Frage: Hätten die Beteiligten merken können, dass Mollath die Wahrheit sprach, seine Ehefrau hingegen log? Zwar konnte den Beteiligten, mit Ausnahme der inzwischen verstorbenen Frau Mollath, nachträglich wenig böse Absicht nachgewiesen werden – allerdings jede Menge Schlampigkeit, Selbstgerechtigkeit und Einseitigkeit bei den Ermittlungen. Ich bin sicher: Durch eine gründliche Vernehmung wären die Informationen, die 2013 schließlich zur Freilassung von Mollath führten, schon 2006 entdeckt worden!

2.3 Meine Erfahrungen bei Vernehmungen

Nachdem wir nun zwei prominente Beispiele kennengelernt haben, möchte ich Sie zunächst in die Theorie hinter den Vernehmungen der Ermittler einführen und Ihnen aus meiner alltäglichen Praxis berichten. Ich war selbst viele Jahre Ermittler beim Bundeskartellamt in Bonn. Zunächst als Mitglied der Sonderkommission Hardcore-Kartellbekämpfung, danach als Berichterstatter in einer Beschlussabteilung. Vielleicht fragen Sie sich jetzt: Was ist eigentlich ein Hardcore-Kartell? Ich gebe Ihnen ein paar Beispiele zum Verständnis:

- Wenn mehrere Hersteller gemeinsam beschließen, ihre Preise im Laufe des nächsten Jahres jeweils um 10 % anzuheben, dann ist das ein Preiskartell.
- Wenn mehrere Unternehmen, die regelmäßig um Aufträge aus öffentlichen Ausschreibungen konkurrieren, sich darauf einigen, welches Unternehmen bei der nächsten Ausschreibung das beste Angebot abgeben wird und somit den Deal gewinnt, während die anderen Unternehmen dann eine Ausgleichszahlung erhalten, ist das ein Ausschreibungskartell.
- Um ein Gebietskartell handelt es sich, wenn einzelne Unternehmen sich Gebiete aufteilen – beispielsweise Unternehmen A verkauft seine Produkte nur noch im Norden Deutschlands, Unternehmen B dagegen nur im Süden, sodass sich beide nicht in die Quere kommen.

Nach § 1 des deutschen Gesetzes gegen Wettbewerbsbeschränkungen (GWB) bzw. Art. 101 des Vertrags über die Arbeitsweise der Europäischen Union (AEUV) sind all jene genannten Vereinbarungen verboten. Unternehmen, die damit auffliegen, müssen mit Bußgeldern in Millionenhöhe rechnen. Illegale Kartelle werden teils zum White Collar Crime[3] gezählt, also zu Straftaten von Managern, deren Kragen nie

---

[3] In Deutschland werden Kartelle im Ordnungswidrigkeitenverfahren verfolgt, in der EU im Verwaltungsverfahren, in den USA sind sie hingegen Straftaten, für die Täter/Schuldige wirklich zu Gefängnisstrafen verurteilt werden können.

schmutzig wird. Manager der ersten oder zweiten Führungsebene setzen sich bei Kartellen zusammen und beschließen, auf Kosten der Verbraucher die Preise zu erhöhen, Märkte aufzuteilen oder durch sonstige, illegale Weise ihre Profite zu steigern. Vermutlich ist es die Gier nach mehr Profit, privat oder im eigenen Unternehmen und oft verbunden mit Bonuszahlungen und/oder beruflichem Fortkommen, die diese Menschen antreibt.

Dabei verhält sich der klassische Beschuldigte bzw. Betroffene bei Kartellverfahren anders als ein typischer Kleinkrimineller. Oscar Wilde ließ einmal eine seiner Figuren, Lord Henry Wotton, in seinem Meisterwerk „The Picture of Dorian Grey" sagen, dass Verbrechen letztlich doch etwas furchtbar Gewöhnliches seien (Wilde 1890). Der geniale Meisterdieb, der Professor Moriarty, der Gentlemen-Entführer … das sind Erfindungen der Literatur! Überwiegend sieht das Leben der meisten Verbrecher wohl anders aus: Verschuldet, arbeitslos oder mit Gelegenheitsjobs, oft geringe Schulbildung, Alkohol- oder Drogenkonsum. Noch aussichtsloser ist es bei Sexualdelikten. Man muss schon eine gestörte Persönlichkeit haben, um einem anderen Menschen sexuelle Gewalt anzutun. Mitglieder eines Kartells haben mit dieser Art von Verbrechern jedoch wenig gemein. Sie sind oft erfolgreiche Manager. Kartelle bilden sich gewöhnlich in den Führungsetagen. Der Fisch stinkt vom Kopf her, sagt ein Sprichwort. Diese Straftäter sind meist intelligent, eloquent und in ihrem Bereich erfolgreiche Geschäftsleute. Sie können charmant sein, wirken authentisch und wissen, wie man eine Geschichte glaubhaft verkauft. Undurchdachte, spontane Äußerungen passieren ihnen selten. Vor Vernehmungen beim Bundeskartellamt haben sich mögliche Täter gewöhnlich genau überlegt, was sie sagen wollten, woran sie sich erinnern können und was sie abstreiten. Viele haben ihre Geschichten vorher mit einem Anwalt einstudiert. In diesem Buch soll es um solche Gesprächspartner gehen – intelligent, erfolgreich und eloquent. Ich weiß, dass es schwierig erscheint, von diesem Typ Gesprächspartner sinnvolle Informationen zu erhalten. Doch es ist möglich!

Literatur

Kachelmann J/ Kachelmann M (2012) Recht und Gerechtigkeit, Heyne, München
Knellwolf, T (2011) Die Akte Kachelmann, orell füssli Verlag AG, Zürich
Ritzer U, Przybilla O (2013) Die Affäre Mollath, Droemer, München
Schlötterer W (2021) Staatsverbrechen – Der Fall Mollath, Finanzbuchverlag, München
Wilde O (1890) The Picture of Dorian Grey, in: Lippincott's Monthly Review, Philadelphia/London/Paris 1890. Deutsche Ausgabe: Wilde O (2022) Das Bildnis des Dorian Grey (Übs: Rein I), Philipp Reclam jun. Verlag, Ditzingen/Stuttgart

# 3
Vernehmung nach der Deutschen Strafprozessordnung

Das Bundeskartellamt ermittelte in einem großen Kartellfall gegen mehrere Unternehmen, die sich angeblich bei der Preisbildung abgestimmt hatten. Nachdem wir Informationen von einem Kronzeugen erhalten hatten, durchsuchten wir mithilfe eines richterlichen Durchsuchungsbeschlusses des Amtsgerichts Bonn die Zentralen der jeweiligen Unternehmen. Dabei fanden wir erste Beweise: ausgetauschte Preislisten, E-Mails und Notizen in handgeschriebenen Kladden, die auf ein großes Kartell hindeuteten. Im Anschluss an die Auswertung der schriftlichen Materialien befragten wir mögliche Täter und Zeugen. Ich war dabei für die Vernehmung eines Prokuristen zuständig. Wir saßen in einem karg ausgestatten Raum unseres Bürogebäudes in der Kaiser-Friedrich-Straße in Bonn. Ein Firmenanwalt und ein externer Jurist begleiteten den Zeugen. Er wog jedes Wort genau ab. Ich erkundigte mich zunächst über seine Anreise und wollte wissen, wo er wohnte. Dabei stellten wir fest, dass er aus der gleichen Stadt stammte wie mein Großvater. Dann begann der offizielle Teil unseres Gesprächs: Ich trug den Tatvorwurf vor und belehrte den Prokuristen über seine Rechte. Bei der folgenden Vernehmung erfuhr ich viel über den Markt, auf dem sein Unternehmen tätig war, die Marktstrukturen, die wichtigen „Player" und warum sich seiner Meinung nach die Preise in letzter Zeit nach oben entwickelt hatten. Über ein Kartell erfuhr ich nichts. Der Vernommene mauerte, er stritt ab, dass es jemals ein Kartell gegeben haben könnte. Damit hatte ich gerechnet. Zum Ende der Befragung hin legte ich ihm Beweise vor, unter anderen einen E-Mail-Verkehr zwischen seinem Geschäftsführer und dem Vertriebschef eines weiteren, von uns als beteiligt eingestuften Unternehmens. Daraus ging hervor, dass beide über abgestimmte Verkaufspreise gesprochen hatten. Der vernommene Prokurist wurde schweigsam, er sagte fast gar nichts mehr, antwortete einsilbig, konnte sich an nichts erinnern. Wir schlossen das Gespräch ab. Ich bedankte mich für sein Kommen und brachte den Zeugen zu seinem Auto. Dabei plauderten wir über den Verkehr auf einer bestimmten Autobahn. Er war jetzt wieder redseliger. Bevor er ins Auto stieg, sagte er noch, es gäbe wirklich kein Kartell und niemand aus diesem Industriezweig werde eine andere Aussage machen. Jeder kenne jeden, und wenn jemand anfangen würde zu plaudern, würde diese Person nie wieder eine Stelle finden. Damit hatte er mir eine wichtige Information geliefert: dass auf Mitwisser und Zeugen Druck ausgeübt wurde, dass die Vernehmungen erst dann zu Eingeständnissen führen würden, wenn wir ausreichend weitere Beweise gesammelt hätten.

Die Regeln für offizielle Vernehmungen in Deutschland finden sich in der Strafprozessordnung (Meyer-Goßner und Schmitt 2024). Eine Vernehmung liegt vor, wenn ein Ermittler einem Beschuldigten oder Zeugen in amtlicher Funktion gegenübertritt und in dieser Eigenschaft von ihm Auskunft verlangt (BGHSt 42, 139). Nur Polizisten, Staatsanwälte und Richter dürfen überhaupt offiziell vernehmen, sowie die Mitarbeiter von einigen Behörden, die ähnliche Befugnisse wie ein Staatsanwalt haben, beispielsweise die Kollegen des Bundeskartellamtes. Wenn also die Compliance-Abteilung eines Unternehmens ermittelt oder Verhandlungspartner versuchen, von der Gegenseite möglichst viele Informationen zu erlangen, dann liegt keine offizielle Vernehmung vor. Bei einer offiziellen Vernehmung handelt der Vernehmer „hoheitlich", er tritt im Namen des Staates auf, und zwar mit „offenem Visier", das heißt, er gibt sich als Ermittler zu erkennen. Ein V-Mann, also ein Informant, den Ermittler in ein kriminelles Milieu eingeschleust haben, handelt hingegen nicht im Namen des Staates und führt deshalb keine Vernehmung durch, auch wenn der V-Mann selbst Beamter ist.

3 Vernehmung nach der Deutschen Strafprozessordnung 17

Es gibt Zeugenvernehmungen und es gibt Beschuldigtenvernehmungen.[1] In der Sprache des Bundesgerichtshofes hört sich dies so an: Der Beschuldigte ist ein Tatverdächtiger, gegen den die Behörden subjektiv einen Verfolgungswillen haben, der sich objektiv in einem Willensakt manifestiert (BGH NJW 2019, 2627). Wenn also ein Beamter versucht, jemanden als Täter zu überführen, dann ist diese Person Beschuldigter. Er darf dann auch nur als Beschuldigter und nicht als Zeuge vernommen werden (BGHSt 51, 367). Ist das nicht der Fall, dann handelt es sich um eine Zeugenbefragung. Wenn ein Polizist beispielsweise an einem Unfallort recherchiert, wer als Täter in Betracht kommt, eine sogenannte „informatorische Befragung", dann handelt es sich um eine Zeugenbefragung. Sobald ein Ermittler einen ernsthaften Tatverdacht hat und gegen eine Person konkret ermittelt, muss er von einer Zeugenvernehmung zu einer Beschuldigtenvernehmung übergehen (BGH NStZ-RR 2012, 49).

Die Vorschriften der Strafprozessordnung sind streng. Eine Vernehmung muss Recht und Ordnung folgen und alles muss fair zugehen. So dürfen Staatsanwälte den Vernommenen nicht täuschen, beispielsweise damit, dass einer der Mittäter bereits „gesungen" habe und weiteres Abstreiten deshalb sinnlos sei. Der § 136a Strafprozessordnung verbietet solche Manöver. Für private Gespräche hingegen gilt dieses Täuschungsverbot nicht – ein Compliance-Mitarbeiter eines Unternehmens dürfte also theoretisch eine Täuschung als Mittel einsetzen, um einen Verdächtigen zu einer Aussage zu bewegen. Ein weiterer Unterschied: Bei einer offiziellen Vernehmung haben Beschuldigte ein Schweigerecht nach § 136 Abs. 1 S. 2 der Strafprozessordnung und müssen hierüber vorab belehrt werden. Der Beschuldigte hat auch das Recht, einen Anwalt hinzuzurufen. Zeugen hingegen müssen bei einer Befragung aussagen (§ 161a StPO), soweit sie nicht ein Zeugnisverweigerungsrecht haben, falls sie sich selbst oder enge Angehörige mit einer Aussage belasten würden (§§ 52 ff. StPO). Der Zeuge, der sich grundlos weigert auszusagen, kann mit einem Bußgeld oder im Extremfall sogar mit Beugehaft zu einer Aussage bewegt werden. Bei einem Personalgespräch in

---

[1] Im Kartellrecht werden Beschuldigte gewöhnlich als Betroffene bezeichnet.

der Privatwirtschaft dagegen gibt es kein Schweigerecht. Verweigert ein Arbeitnehmer bei einer firmeninternen Untersuchung die Aussage, so kann dies durchaus ein Kündigungsgrund sein.

Bei einer offiziellen Vernehmung soll immer nur eine Person einzeln vernommen werden, so ausdrücklich für die Zeugenvernehmung § 58 StPO. Der Zeuge soll dabei seine Aussage ohne Kenntnis dessen machen, was der Angeklagte oder andere Zeugen zuvor ausgesagt haben. Dadurch soll die Unbefangenheit und Selbständigkeit der Darstellung erhalten bleiben (BGHSt 3, 386 ff.). Es gilt als Ermittlungsfehler, gleichzeitig mehrere Personen auf einmal zu befragen, denn die Befragten hätten dann die Möglichkeit, ihre Aussagen aufeinander abzustimmen. Ein weiterer Grund dagegen ist, dass mancher Befragte eher vor seinem Mittäter als vor dem Ermittler lügt. Beispielsweise möchte ein Firmenmitarbeiter seine Tat nicht vor seinem Chef zugeben oder Mittäter wollen sich voreinander nicht eingestehen, dass ihre zuvor vereinbarte Strategie, einfach alles abzustreiten, nicht aufgehen wird. Auf der anderen Seite des Tisches können bei der Vernehmung dagegen mehrere Ermittler sitzen – dies ist sogar ratsam, sofern die Ressourcen dies zulassen. Sie können dann untereinander Aufgaben verteilen und unterschiedliche Rollen annehmen. So kann einer zum Beispiel die Fragen stellen und mit dem Vernommenen interagieren, während der andere auf Zwischentöne achtet oder dem Fragensteller Hinweise gibt. Dabei gilt es darauf zu achten, jegliche Eitelkeit oder kommunikative Streitigkeiten zu verhindern. Wenn Fragesteller sich gegenseitig ins Wort fallen oder Machtkämpfe austragen, spielt das nur den Befragten in die Karten!

Der Ermittler muss bereits gut informiert in die Befragung gehen. Wenn ich beim Bundeskartellamt Vernehmungen durchführte, war ich immer vorbereitet. Oft hatten Kronzeugen bereits Informationen über das Kartell geliefert. Manchmal hatten wir bei den Unternehmensdurchsuchungen schon Beweismittel sichergestellt wie Notizbücher mit Aufzeichnungen von Kartelltreffen oder auffällige Kontobewegungen von einem Unternehmen zum anderen. Zudem prüften wir vor einer Vernehmung alle öffentlich zugänglichen Informationen wie Registereinträge, Zeitungsartikel, Pressemitteilungen oder was auch immer eine solide Google-Recherche hergab.

3 Vernehmung nach der Deutschen Strafprozessordnung 19

Informanten
Eine wichtige Informationsquelle für das Bundeskartellamt sind Informanten, also Personen mit Insiderwissen, die der Behörde ihr Wissen über ein Kartell zur Verfügung stellen. Die Motive der Informanten, also was für sie selbst dabei herausspringt, bleiben oft unklar. Beim Bundeskartellamt war es allerdings nie Geld, denn die Behörde zahlt für Informationen keine Prämien, anders als beispielsweise die Steuerbehörden oder die Drogenfahndung. Manchmal war Rache ein Motiv, um delikate Informationen auszuplaudern, beispielsweise, wenn ein Mitarbeiter bei der Beförderung übergangen wurde, ein Abteilungsleiter den versprochenen Bonus nicht erhalten oder die Vertriebsmitarbeiterin entlassen wurde. Manchmal war das Ziel des Informanten auch, Druck auszuüben.

Dass ein Informant eigenes Interesse mit seiner Aussage verfolgt, schließt allerdings nicht aus, dass seine Aussage wahr ist. Aber natürlich prüft das Bundeskartellamt immer, ob sich die Anschuldigungen durch eine weitere Quelle bestätigen lassen oder nur der Anschwärzung eines unliebsamen Konkurrenten dienen.

Vernehmungen erfolgen fast ausschließlich in mündlicher Form. Dies ist die effektivste Art, um wirklich Neues zu erfahren. Einige Ermittler haben in der Vergangenheit versucht, durch schriftliches Befragen Zeit zu sparen, nur um festzustellen, dass die Vernommenen ihre Aussage dann aalglatt formulieren – häufig unter Beteiligung ihrer Rechts- und Kommunikationsabteilung – sodass diese kaum noch harte Fakten liefern.

Eine offizielle Vernehmung findet gewöhnlich in sechs Phasen statt (Treuer et al. 2010):

1. dem Kontaktgespräch,
2. der Bekanntgabe des Untersuchungsgegenstandes,
3. der Belehrung,
4. der Vernehmung zur Person,
5. der Vernehmung zur Sache, bestehend aus einem freien Bericht und dem Verhör, sowie
6. einem Nachgespräch.

Ich werde Ihnen später im vierten Teil dieses Buches ein eigenes Modell vorstellen, welches Sie für Ihre inoffiziellen Gespräche, Befragungen und Verhandlungen nutzen können. Mein eigenes Modell ist dabei an das offizielle Vorgehen angelehnt. Gehen wir jedoch zunächst die Phasen der offiziellen Vernehmung im Detail durch.

3.1 Phase 1: Das Kontaktgespräch

Jede Vernehmung beginnt mit einem Kontaktgespräch. Ermittler und Zeuge beziehungsweise potenzieller Täter lernen sich kennen. Ziel des Ermittlers ist, ein positives Klima herzustellen und bei dem Vernommenen Unsicherheit und Stress zu reduzieren. Es wäre ein Fehler zu glauben, dass viel Druck in der Vernehmung zu besseren Aussagen führt und der Ermittler einen Beschuldigten deshalb ständig anschreien muss. Vernehmungen werden gewöhnlich so freundlich wie möglich geführt. Wenn überhaupt Druck ausgeübt wird, dann erst im weiteren Verlauf der Befragung. Zunächst versucht der Ermittler, sein Gegenüber durch Freundlichkeit und Fairness zu einer möglichst umfassenden Aussage zu motivieren: Er stellt sich vor, spricht den Vernommenen mit Namen und ggfs. Titel an und dankt ihm für sein Kommen. Dann betreibt er Small Talk, beispielsweise, indem er sich über die Heimat des Vernommenen oder auch einfach über die Anfahrt erkundigt. Schließlich erklärt er ihm den Ablauf der Vernehmung. So, wie in Verhandlungen eine positive Stimmung zu besseren Geschäftsabschlüssen führt, geben Zeugen oder Beschuldigte auch bei einer Befragung viel mehr Informationen preis, wenn sie sich wohlfühlen.

3.2 Phase 2: Bekanntgabe des Untersuchungsgegenstandes

In Franz Kafkas Buch „Der Prozess" wird der Bankprokurist Josef K. am Morgen seines 30. Geburtstages von zwei Männern verhaftet, die ihm allerdings nicht sagen können, was sein Vergehen ist. Bis zum Ende seines Prozesses bleibt dies unklar. Am Ende wird Josef K. „wie ein Hund" hingerichtet, ohne dass er wüsste, was ihm eigentlich zur Last gelegt wird (Kafka 1998).

Anders als in Kafkas Buch darf niemand in Deutschland untersucht oder vor Gericht verurteilt werden, ohne genau zu wissen, was ihm eigentlich vorgeworfen wird. Deshalb belehrt der Ermittler den Vernommenen darüber, was der Gegenstand seiner Untersuchung ist (§ 69 Strafprozessordnung für Zeugen, § 136 Strafprozessordnung für Beschuldigte). Der Beschuldigte muss den Sachverhalt zumindest in groben Zügen erfassen, damit er sich verteidigen kann.

3.3 Phase 3: Belehrung

Zeugen und Beschuldigte werden über ihre Rechte, aber auch über ihre Pflichten informiert. Unbeteiligte, denen selbst oder deren engen Verwandten keine Strafverfolgung droht, sind rechtlich verpflichtet auszusagen. Der Ermittler kann außerdem auch an die moralische Pflicht des Zeugen appellieren, bei der Aufdeckung illegaler Taten zu helfen. Zeugen, die vor Gericht lügen, machen sich strafbar – werden sie dafür verurteilt, sind sogar Gefängnisstrafen ohne Bewährung möglich. Eine klassische Belehrung in einer offiziellen Zeugenvernehmung einer Ermittlungsbehörde lautet beispielsweise:

> „Herr Meyer, wir werden Sie hier als Zeugen befragen. Sie haben eine Pflicht auszusagen. Sie waren damals beim Tatgeschehen dabei, wir nicht. Sie haben als Zeuge genau so viel Verantwortung für die Aufklärung dieser Tat wie wir. Wir sind deshalb darauf angewiesen, dass Sie uns die Wahrheit sagen. Möglicherweise werden Sie Ihre Aussagen vor Gericht wiederholen und sogar beeidigen müssen. Dabei werden falsche Aussagen vor Gericht bestraft…".

3.4 Phase 4: Vernehmung zur Person

Als Nächstes wird der Beschuldigte oder Zeuge „zur Person vernommen", also nach Vor- und Nachname, Alter, Beruf und vollständiger Anschrift (§ 68 Strafprozessordnung) gefragt. Ziel ist es, Verwechslungen zu vermeiden und dem Ermittler zu ermöglichen, anhand dieser

Daten weitere Erkundigungen einzuholen. Weiterhin befragt der Ermittler den Zeugen zu seinen familiären und wirtschaftlichen Verhältnissen, zu seinem beruflichen Werdegang, seiner derzeitigen Tätigkeit oder seinen Vermögensverhältnissen. Ein geschickter Vernehmer nutzt diese Phase, um Vertrauen aufzubauen und zeigt dabei ehrliches Interesse. Der Werdegang hilft dem Ermittler, besser zu verstehen, wer die befragte Person ist. Gleichzeitig kann er auch das Gedächtnis des Zeugen prüfen. Kann eine Zeugin sich zum Beispiel noch daran erinnern, wer ihre Professoren im ersten Semester waren, wo ihre erste Wohnung lag, wann sie zur Abteilungsleiterin befördert wurde? Wenn ja, dann hat die Zeugin ein überdurchschnittliches Gedächtnis. Später, wenn der Ermittler die unangenehmen Fragen stellt, reden sich Befragte gerne damit heraus, dass sie sich beim besten Willen nicht erinnern können. Hat jemand aber vorher relativ detailliert erzählt, was vor zehn Jahren bei ihm beruflich passiert ist, dann ist es unglaubwürdig, dass dieselbe Person plötzlich keinerlei Erinnerungen an ein Ereignis vor zwei Jahren mehr hat.

Der Ermittler befragt Zeugen auch nach ihrer Beziehung zu einem Beschuldigten. Dadurch lässt sich einschätzen, ob ein Zeuge ein Motiv hat, um zu lügen. In einer älteren Studie von Teichmann wurden einmal 27 nachgewiesene Meineide zur Entlastung des Angeklagten vor Gericht untersucht und dabei das Beziehungsverhältnis zwischen Tätern und Zeugen analysiert (zitiert nach Bender et al. 2021): Insgesamt gab es neun Meineide unter Bekannten, sechs davon, weil Prostituierte zugunsten ihres Zuhälters falsch aussagten, vier Angestellte sagten zugunsten des Chefs oder der Firma aus, zwei Meineide einer Geliebten sowie zwei weitere zugunsten von Verwandten. Meineide, die für flüchtige Bekannte abgelegt wurden, gab es nicht! Interessant ist auch, dass es zwar Meineide von Angestellten für Unternehmen, aber keine Meineide von Chefs zugunsten von Angestellten gab und dass Meineide zugunsten von Freunden häufiger sind als Verwandten zuliebe. In jüngerer Zeit gab es vermehrt Falschaussagen in Sorgerechtsstreitigkeiten von Kindern, die von einem Elternteil manipuliert wurden, um so den ehemaligen Partner zu diskreditieren.

3.5 Phase 5: Die Vernehmung zur Sache: freier Bericht und Verhör

„Die lügen sowieso alle, wirklich alle...bis auf die Kinder vielleicht...und die lügen auch."

Mit diesen Worten begrüßte mich eine Münchener Staatsanwältin zu Beginn meiner Referendarzeit. Ich fand ihre Einstellung sehr negativ und dachte mir, dass der tägliche Umgang mit Kriminellen doch ein sehr düsteres Weltbild hinterlässt. Später lernte ich dann die sogenannte Nullhypothese kennen, die der Bundesgerichtshof in seiner Entscheidung vom 30. Juli 1999 (1 StR 618/98) aufgestellt hatte. Sie besagt, dass jede Aussage so lange als unwahr gilt, bis diese Annahme durch die Zahl und die Qualität von Realitätskriterien zu der Aussage entkräftet wird. Eine Aussage ist immer in Zweifel zu ziehen, wenn keine anderslautenden Tatsachen bekannt sind. Sie soll erst einmal mit kritischer Distanz und einem gesunden Misstrauen betrachtet werden. Um als wahr zu gelten, muss sich die Aussage bestätigen lassen.

>> Eine Aussage ist immer in Zweifel zu ziehen, wenn keine bestätigenden Tatsachen bekannt sind.

Später bei meiner Arbeit im Bundeskartellamt konnte ich mich immer wieder von der Nützlichkeit der Nullhypothese überzeugen. In Fällen, bei denen es um eine Fusionskontrolle oder eine Kartellverfolgung ging, erhielten wir umfangreiche Schriftsätze von großen Kanzleien auf edlem Papier. Solche aufwendig angefertigten und meist elegant formulierten Schriftstücke wirken erst einmal vertrauenswürdig. Doch meine Nachprüfungen zeigten oftmals, dass die Anwälte die Tatsachen vieler Fälle unvollständig schilderten und die Rechtsprechung nur sehr selektiv oder falsch zitierten. Große Teile dieser Dokumente hielten einer genaueren

Prüfung nicht stand. Je tiefer ich vordrang, desto weniger haltbar waren viele Schriftsätze.

Ein Prozessanwalt, dessen Schriftsatz einen beim ersten Lesen nicht erst einmal schlucken lässt, hat seinen Beruf verfehlt! Das darf einen aber nicht länger einschüchtern. Beim mehrfachen Lesen wird es dann besser – viele apodiktisch oder im Brustton der Überzeugung vorgetragene Behauptungen lassen sich nicht halten. Ich selbst begann, nur Aussagen, die durch andere Beweismittel abgesichert waren, gelten zu lassen, den Rest betrachtete ich zunächst als neutral – kann wahr sein, kann aber auch falsch sein.

Bei der „Vernehmung zur Sache" geht es um den Tatvorwurf selbst. Dabei wird zwischen einem freien Bericht und einem Verhör, das heißt einer gezielten Befragung, unterschieden.

3.5.1 Der freie Bericht

Bei einem freien Bericht kann ein Zeuge erst einmal ungestört seine Sicht der Dinge erzählen. Der Ermittler soll ihn weder unterbrechen noch seinen Monolog durch Fragen steuern. Es geht vielmehr um aktives Zuhören und gelegentliche Bestätigung, um das Gegenüber zum Weiterreden zu ermutigen. Die Strafprozessordnung schreibt den freien Bericht zum Beispiel für das Zeugenverhör in § 69 Abs. 1 StPO folgendermaßen vor: *„Der Zeuge ist zu veranlassen, das, was ihm von dem Gegenstand seiner Vernehmung bekannt ist, im Zusammenhang anzugeben."* Damit soll der Zeuge seine Aussage unbeeinflusst von Fragen und Vorbehalten im Zusammenhang tätigen dürfen (BVerfG 38, 105 ff.). Auch der mutmaßliche Täter hat das Recht, erst einmal in einem freien Bericht seine Sicht der Dinge zu schildern (BGHSt 13, 358 ff.) und so eventuelle Verdachtsmotive zu beseitigen und sich selbst zu entlasten. Der freie Bericht ist in der Juristensprache „zentrales Erkenntnismittel" – für den Ermittler ist er Gold wert! Spannend ist nicht nur der Inhalt der Aussage, sondern auch, wozu der Zeuge nichts sagt, vielleicht, weil er es für unwichtig hält oder weil er ungerne darüber spricht.

Bei seinem freien Bericht kann der Zeuge sich warmsprechen. Vielleicht kennen Sie das, wenn Sie bei einem Gespräch dabeisitzen, ohne selbst etwas zu sagen. Nach einiger Zeit schaltet der Kopf ab. Wird man dann plötzlich angesprochen, stottern viele erst einmal nur ein paar Worte vor sich hin. Das soll dem Zeugen nicht passieren. Ein Grundsatz dazu lautet: „Get them talking and keep them talking!".

Während meiner Tätigkeit im Bundeskartellamt begann ich meine Vernehmungen immer damit, den Vernommenen zu einem ausgedehnten freien Bericht aufzufordern, bei dem ich es größtenteils dem Vernommenen überließ, worüber sie sprechen wollten. Erfuhr ich dabei, ob die vernommene Person Teil des Kartells war oder sich etwas zu Schulden hatte kommen lassen? Nein, aber ich lernte viel über die relevanten Produktmärkte, auf denen das Kartell aktiv war, über die Ausschreibungsprozesse, über die wichtigen Köpfe am Markt, über Preissetzungsmechanismen. Mir war klar, dass die befragte Person immer wieder bewusst oder unbewusst Lücken ließ, manchmal auch mit Absicht abschweifte. Dennoch lernte ich viele andere Details kennen, die auch wichtig für den Fall waren. Paul Watzlawick sagte einmal, dass man nicht nicht kommunizieren könne (Watzlawick 2016). Recht hat er! Wenn ein Befragter nur spricht, erhält der Ermittler auch brauchbare Informationen. Insbesondere, wenn ich mit einer Menge Vorwissen in die Befragung ging, zum Beispiel aufgrund vorangegangener Befragungen oder aufgrund von Beweismitteln, die wir bei Durchsuchungen gefunden hatten, war es für mich gerade spannend zu sehen, ob Befragte auch von diesen Dingen erzählten oder bestimmte Vorgänge einfach wegließen. Befanden sie die unter den Tisch gekehrten Geschehnisse wirklich für so unwichtig? Oder zeigten ihre Ablenkungsmanöver gerade, dass sich in diesem Tatkomplex entscheidende Puzzleteile zur Aufklärung des Falls versteckten?

3.5.2 Das Verhör

Schluss mit lustig ist, wenn das Verhör beginnt! Dabei bedeutet Verhör eigentlich nur, dass gezielte Fragen gestellt werden, um den freien Bericht zu vervollständigen und um Unklarheiten und Widersprüche zu beseitigen. Ein Ermittler prüft genau, was sein Zeuge aus eigener Wahrnehmung weiß, was er über Dritte erfahren hat und an welcher Stelle er selbst interpretiert. Dabei fragt er vor allem nach Geschehnissen, die der Zeuge nur kurz angedeutet oder die er komplett ausgelassen hat. Widersprüche kann er dabei offensiv thematisieren. Dabei verläuft das Verhör gezielter, ist aber auch fehleranfälliger als der freie Bericht. Zeugen und Tatverdächtige, die um eine konkrete Antwort herumkommen wollen, lügen hier oft. Und auch Befragte, die die Antwort auf eine Frage einfach nicht wissen, erfinden gelegentlich eigene Geschichten.

3.6 Phase 6: Das Nachgespräch

Ist die heikle Phase der Vernehmung überstanden, beginnt das Nachgespräch. Der Ermittler stoppt das Protokoll und erklärt dem Befragten, wie es weitergeht, beispielsweise, ob der Zeuge noch einmal vernommen wird oder vielleicht vor Gericht aussagen muss. Der Druck lässt dann oft spürbar nach. Dann bedankt sich der Ermittler und verabschiedet sich. Manchmal erhält er allerdings gerade in dieser zwanglosen Situation noch wertvolle Tipps wie im oben genannten Kartellfall.

Literatur

Bender R/Häcker R/Schwarz V (2021) Tatsachenfeststellung vor Gericht (5. Auflage), C.H.Beck, München
Kafka, J (1998) Der Process: Textausgabe mit Anhang, Anmerkungen und Nachwort (Erstveröffentlichung 1925), Philipp Reclam jun. Verlag, Ditzingen/Stuttgart
Meyer-Goßner L/Schmitt B (2024) Strafprozessordnung (67. Auflage), C.H.Beck, München
Treuer, W/Schönberg, K/Treuer T (2010) Leitfaden zur Zeugenvernehmung: Vom Beweisangebot bis zur Bewertung der Zeugenaussage, C.H.Beck, München
Watzlawick P (2016) Menschliche Kommunikation: Formen, Störungen, Paradoxien (Erstveröffentlichung 1967), hogrefe, Göttingen

4
Verschiedene Vernehmungsmethoden

In meiner Zeit als Teamleiter für die Organisation for Economic Cooperation and Development (OECD) in Mexiko sollte ich einmal einen Bericht über die Konditionen am Markt für Flüssiggas schreiben. Die Mexikaner verwenden dieses zum Kochen und Heizen und kaufen es in handelsüblichen Blechzylindern. Bei meiner Recherche sprach ich mit Vertretern entsprechender Unternehmen, die in diesem Sektor tätig waren, mit Verbänden und Vertriebsgesellschaften. Ich versuchte herauszufinden, warum die Preise in letzter Zeit so stark gestiegen waren, obwohl die mexikanische Regierung doch den Markt liberalisiert hatte. Einen Erklärungsansatz kannte ich: Es gab Verbraucherverbände und Journalisten, die glaubten, dass die großen Unternehmen ein heimliches Preiskartell gebildet hatten. Das mochte wahr sein oder auch nicht. Oft haben Preissteigerungen ganz andere Hintergründe, wie eine Veränderung der Versorgungslage oder Änderungen auf den Weltmärkten. Sollte ich die Unternehmen einfach fragen, ob sie Teil eines Preiskartells waren? Natürlich nicht! Es wäre eine schwere Anschuldigung und meine Gesprächspartner hätten eine solche Beteiligung niemals zugegeben, selbst wenn sie wahr und offensichtlich gewesen wäre. Wahrscheinlich hätten einige das Gespräch sofort beendet. Die Unternehmensvertreter sprachen freiwillig mit mir und mussten dies nicht tun.

Ich war Gast in Mexiko und hatte keine hoheitlichen Befugnisse. In dieser Situation konnte ich auf kein Geständnis hoffen, egal, wie geschickt meine Befragungstechnik war. Ich konnte aber Informationen darüber erlangen, wie der Markt funktionierte, wer die Beteiligten waren und welche Beziehungen diese zueinander und zum Staat hatten. Ob die Unternehmen Teil eines Kartells waren, konnte ich nicht herausfinden. Dennoch erhielt ich während des Projekts genügend Informationen, um einen Bericht schreiben und Empfehlungen für die mexikanische Regierung abgeben zu können, und zwar unabhängig von der Frage, ob es ein Kartell gab oder nicht.

Wie gewinne ich Informationen von meinem Gesprächspartner, die dieser mir nicht geben möchte? Wie kann ich vielleicht sogar ein Geständnis erwirken? Völlig unterschiedliche Institutionen – angefangen bei der römisch-katholischen Inquisition, wo auch Folter als Vernehmungsmethode angewandt wurde, über Polizeikräfte, Staatsanwälte und Gerichte bis hin zu Geheimdiensten, wie CIA und Mossad – alle haben sich mit eben diesen Fragen beschäftigt.

Es ist wichtig, zwischen Methoden zur Informationsgewinnung und Methoden zur Erlangung eines Geständnisses zu unterscheiden. Bei den meisten Gesprächen, Interviews, Befragungen, Verhandlungen und auch Vernehmungen geht es um Informationsgewinnung. Eher selten, meist bei strafrechtlichen Verfolgungen, geht es darum, ein Geständnis zu erwirken. Auch bei der Vernehmung eines Beschuldigten sollte der Ermittler erst einmal versuchen, möglichst viele Fakten zu sammeln, bevor er den Versuch unternimmt, diesen zu einem Geständnis zu bewegen.

Werkzeuge zur Informationsgewinnung sind

- das kognitive Interview,
- die sogenannte PEACE-Methode sowie
- journalistische Techniken.

Und ja, auch „enhanced interrogation", sprich Folter, ist eine Technik zur Informationsgewinnung, die glücklicherweise heutzutage in den meisten Ländern verboten ist. Lassen Sie uns die genannten Methoden näher beleuchten.

4 Verschiedene Vernehmungsmethoden

Die Inquisition[1]

Im Jahr 1231 schuf Papst Gregor IX. die Institution der Inquisition als eine Art Geheimpolizei des Vatikans und als Machtinstrument gegen Ungläubige und sogenannten Häretiker, also Menschen, die Lehren folgten, welche sich im Widerspruch zu katholischen Glaubensgrundsätzen befanden. Offiziell stand für die Inquisitoren das Ermitteln der Wahrheit im Vordergrund. Nur solche Beschuldigte sollten verurteilt werden, denen auch wirklich Ketzerei nachgewiesen werden konnte. Ein Gottesbeweis oder sogenannte Reinigungseide wurden als unzureichend angesehen, um sich von einem Schuldvorwurf reinzuwaschen. Die „Wahrheit" ermittelten die Inquisitoren in einem spezifischen Inquisitionsverfahren, also durch das Vernehmen von Zeugen und Beschuldigten. Dabei galt ein Geständnis als sicherstes Beweismittel, weshalb die Inquisitoren ein solches zu erlangen versuchten. Entsprechend brutal gingen sie dabei vor. Papst Innozenz IV. hat in einem Dekret im Jahr 1252 die Folter als Mittel zur Wahrheitsfindung erlaubt, soweit diese keine bleibenden körperlichen Schäden anrichtete. Diese Bedingung nahmen die Inquisitoren in der Praxis allerdings nicht sonderlich genau.

In Wirklichkeit dienten die Foltermethoden während der Inquisition nicht der Wahrheitsfindung, sondern die Schuld der Angeklagten sollte durch ein Geständnis abgesichert werden. Dass dieses Geständnis unter Extrembedingungen wertlos war, denn Menschen gestehen unter Folter irgendwann alles, wahr oder falsch, war den Inquisitoren klar. Doch in diesen Prozessen standen meist machtpolitische Interessen im Vordergrund, die es um jeden Preis zu erreichen galt.

Die Inquisition durchlief in ihrer Geschichte mehrere Phasen – die mittelalterliche Inquisition, die Spanische Inquisition und schließlich die Römische Inquisition. Die mittelalterliche Inquisition verfolgte beispielsweise den Templerorden. Frankreichs König Phillip IV. ließ in Zusammenarbeit mit dem französischen Großinquisitor Guillaume de Paris am 13. Oktober 1307 insgesamt zweitausend Templer und damit fast den ganzen Orden einschließlich ihres Großmeisters Jaques de Molay festnehmen. Die Anklage lautete, dass die Templer Gottesleugner und Ketzer seien. Philip IV. wusste wohl sehr genau, dass an den Anklagepunkten wenig Wahres dran war. Vielmehr ging es ihm

---

[1] Die folgenden Ausführungen beruhen auf den Ausführungen von Francisco Bethencourt „The Inquisition: A Global History, 1479–1834 (Past and Present Publications)" (Bethencourt 2009), Michael Schaper (Herausgeber): „GEO Epoche 89/2018 – Die Inquisition: Verfolgung und Gewalt im Namen der Kirche" (Schaper 2018) sowie verschiedenen Wikipedia-Einträgen.

darum, sich die Besitztümer der Templer, die damals als Bankiers der Mächtigen agierten, anzueignen und sich einer innerstaatlichen und schwer zu kontrollierenden Organisation zu entledigen. Die festgenommenen Templer, einschließlich Großmeister Jacques de Molay, gestanden nach langer Folter alles, was ihnen zur Last gelegt wurde.

Auch die Spanische Inquisition, im Jahr 1480 vom Königspaar Ferdinand von Aragon und Isabella von Kastilien gegründet und weitgehend institutionalisiert, wurde als Waffe gegen christliche Reformer eingesetzt, insbesondere gegen Lutheraner. Auch hier ging es weniger darum, die Wahrheit zu ermitteln als um das Ziel, potenzielle Gegner auszuschalten und ein Exempel des Schreckens zu statuieren. Tausende wurden so zu Unrecht hingerichtet. Dabei war die Spanische Inquisition aus Sicht der Herrschenden durchaus erfolgreich – die Protestanten konnten kaum Anhänger in Spanien hinzugewinnen.

Die Römische Inquisition ab 1542 schließlich wollte das Vordringen des Protestantismus nach Italien verhindern. Zwar war die Römische Inquisition gemäßigter als ihre Vorgänger. Angeklagte durften beispielsweise einen Rechtsbeistand auswählen und jegliche Anschuldigung war genau zu prüfen. Dennoch diente auch die Römische Inquisition als Machtinstrument, um Gegner und Abweichler der offiziell geltenden Lehren zu maßregeln, wenn nötig eben auch mit Folter. So wurde beispielsweise der italienische Priester Giordano Bruno nach sieben Jahren Kerkerhaft verbrannt, da er behauptet hatte, dass das Universum unendlich sei und die Erde deshalb nicht dessen Zentrum sein könne. Und Galileo Galilei musste der Idee des Heliozentrismus, also der Idee, dass die Erde um die Sonne kreist, offiziell abschwören. Auch hier ging es weniger um die Sachlage als um einen internen Machtkampf: Papst Urban VIII. kümmerte sich weniger um Ketzerei. Vielmehr wollte er in einem kircheninternen Machtkampf anderen Kardinälen gegenüber ein Zeichen setzen.

Neben den Techniken zur Informationsgewinnung gibt es auch heute noch solche, die dazu dienen, Befragte zur Abgabe eines Geständnisses zu bewegen. Dabei gilt das Geständnis immer noch als das wertvollste Beweismittel, wenn es darum geht, einen Fall schnell und sauber abzuschließen. Falsche Geständnisse kommen aber auch heute noch vor, weshalb jedes Geständnis auf seine Glaubwürdigkeit hin zu überprüfen ist.

Bei offiziellen Vernehmungen mit den Vorgaben der Strafprozessordnung gestaltet es sich zwar gelegentlich schwierig, ein Geständnis zu erlangen, ist die Beweislast auch noch so erdrückend, allerdings kann ein Vernehmer einen Schuldigen in vielen Fällen durchaus zu einem Eingeständnis seiner Schuld bewegen. Geständnisse sind also wichtig für Kriminalfälle, weniger für Verhandlungen, da es wohl so gut wie nie vorkommt, dass ein Verhandlungsgegner plötzlich „alles zugibt". Dennoch ist es auch in der Privatwirtschaft interessant, Geständnisse zu erwirken, beispielsweise im Personalgespräch, wenn jemand einen teuren Fehler begangen hat, oder bei internen Compliance-Untersuchungen, um zu ermitteln, ob es ein Ausschreibungskartell gab.

Im Folgenden möchte ich Ihnen nun aktuelle und aus meiner Sicht effektive Vernehmungsmethoden vorstellen. Ich habe meine Ausführungen auf einen grundlegenden Überblick beschränkt, da dies sonst den Umfang dieses Buches sprengen würde.

4.1 Methoden zur Informationsgewinnung

4.1.1 Das Kognitive Interview

Kognitiv kommt von dem lateinischen Wort „cognoscere", was so viel wie wahrnehmen, bemerken, vernehmen oder erfahren bedeutet. Das Kognitive Interview wurde in den 80er-Jahren des 20. Jahrhunderts von den Professoren R. Edward Geiselmann und Ronald Fisher sowie Elizabeth Loftus entwickelt, nachdem diese polizeiliche Zeugenvernehmungen analysierten und dabei verschiedene Mängel festgestellt hatten. Ziel des Kognitiven Interviews ist nicht, einen unwilligen Täter zum Sprechen zu bringen, sondern, einem willigen Zeugen zu helfen, sich mithilfe des sogenannten episodischen Gedächtnisses besser an Ereignisse zu erinnern (Bender et al. 2021). Dabei werden verschiedene Abruftechniken angewandt, die es dem Vernommenen erlauben, sich in einen Wahrnehmungskontext zurückzuversetzen. Ein Ermittler würde einen Zeugen zum Beispiel zu einem bestimmten Meeting so befragen, dass er möglichst auch alle Einzelheiten um das eigentliche Treffen herum erfährt. Angefangen bei Anreise und Parkmöglichkeiten über das Essen in der Pause bis hin zum Wetter und dem Sitzplatz während des Meetings. Hinter diesem Vorgehen steckt die Idee, dass Erinnerungen zusammenhängen. Erinnere ich mich beispielsweise, dass es bei einem

Meeting verdorbenen Fisch gab, dann kann ich mich gleichzeitig auch noch daran erinnern, mit wem ich mich über den miserablen Catering-Service unterhalten habe – vielleicht sogar auch noch, was mir diese Person sonst noch erzählt hat. Eine andere Methode des Kognitiven Interviews zur Steigerung der Gedächtnisleistung ist der bereits angesprochene freie Bericht, bei dem ein Zeuge ohne Unterbrechung oder steuernde Fragen, also möglichst ungefiltert, erzählen kann. Weitere Methoden, mit denen ein Ermittler das Gedächtnis eines Zeugen triggern kann, sind, ihn darum zu bitten, ein Ereignis nicht chronologisch, sondern von hinten nach vorne oder aus der Perspektive einer anderen Person zu erzählen.

Das kognitive Interview wird allgemein als hilfreich empfunden. Empirische Untersuchungen ergaben, dass dabei bis zu 40 % mehr korrekte Informationen als bei einer traditionellen Befragung fließen. In Deutschland ist das Kognitive Interview Grundlage für das in Abschn. 3.5 beschriebene Aufteilen einer Befragung in einen freien Bericht und den anschließenden Fragenteil (das Verhör), die sogenannte „strukturierte Vernehmung".

Meiner Erfahrung nach empfand ich die Kontextualisierung – das heißt, das Auffordern eines Zeugen, sich an zusammenhängende, nicht unbedingt tatrelevante Informationen zu erinnern – recht hilfreich, um an umfangreichere Informationen zu gelangen. Allerdings hat das Kognitive Interview auch seine Grenzen: Es soll Personen helfen, sich besser und an mehr Details zu erinnern. Dies funktioniert aber nur, wenn die betreffende Person kooperieren und sich auch erinnern möchte. Viele Gesprächspartner wollen genau das nicht und liefern so wenig Informationen wie nötig, um sich selbst nicht zu belasten. Und in einem Personalgespräch oder einer Verhandlung zum Beispiel kann es auch seltsam sein, die Gesprächspartner zu bitten, Erlebnisse doch einmal aus einer anderen Perspektive oder rückwärts zu erzählen. Sprich: Das Kognitive Interview bietet Hilfestellung in Gesprächen mit Personen, die ohnehin mit Ihnen kooperieren möchten, ansonsten ist es nur beschränkt nützlich.

4.1.2 Die PEACE-Methode

Die Peace-Methode wurde in den 1980er und 1990er-Jahren in Großbritannien entwickelt. Sie sollte Ordnung in das Durcheinander aus damals genutzten Vernehmungsmethoden bringen und sie standardisieren. Zudem sollten Fehler vermieden werden. In einem damals sehr bekannten Fall, dem sogenannten „Cardiff Newsagent Three" aus dem Jahr 1987, wurden drei Männer unschuldig zu langjährigen Haftstrafen verurteilt, da sie angeblich einen Zeitungshändler mit einer Schaufel erschlagen hatten. Die Verurteilung der Täter beruhte auf dem Geständnis von einem der drei Angeklagten. Es stellte sich jedoch als falsch heraus. Der Geständige litt an verschiedenen Persönlichkeitsstörungen. Außerdem kam sein Geständnis unter fragwürdigen Vernehmungsmethoden zustande. Im Dezember 1999, als die drei Männer schon mehr als zehn Jahre im Gefängnis saßen, hob der Court of Appeal die Haftstrafe auf und stellte die Unschuld der Verurteilten fest. Mit 300.000 und 200.000 Pfund erhielten die zu Unrecht Verurteilten die damals höchsten, jemals von der britischen Polizei gezahlten Entschädigungssummen. Die verlorene Lebenszeit konnten sie damit natürlich nicht ersetzen.

Die PEACE-Methode beschreibt eine einfache, transparente Vorgehensweise, wie eine Vernehmung zu strukturieren ist. Sie betont die Wichtigkeit der Vorbereitung sowie die Notwendigkeit, den Vernommenen zunächst frei und ohne Unterbrechung sprechen zu lassen. An vielen Stellen überschneidet sie sich mit der Vernehmungsmethode nach der deutschen Strafprozessordnung. PEACE steht für

- Planning and Preparation (P),
- Engage, Explain (E),
- Account (A),
- Challenge, Clarify and Closure (C) und
- Evaluation (E).

- **Planning and Preparation (in Deutschland vergleichbar mit der Vorbereitungsphase):** Ein Vernehmer soll die bisher vorliegenden

Informationen und Daten analysieren sowie seine Ziele definieren: Was will ich herausfinden? Dieser Schritt erscheint selbstverständlich, doch viele Ermittler führten ihre Befragungen teils spontan. Nach der PEACE-Methode sollte sich jeder Ermittler zunächst überlegen, welche Zeugen und Tatverdächtige er überhaupt und in welcher Reihenfolge befragen will. Dabei soll er sich auch bei jedem Befragten klarmachen, warum dieser vernommen werden soll, welche Informationen er liefern und welche Wissenslücken er möglicherweise schließen kann. Bei unterschiedlichen Ermittelnden sollte vor einem Interview festgelegt werden, wer die Fragen stellt und wer eine andere Rolle übernimmt, wie zum Beispiel das Führen eines Protokolls.

- **Engage and Explain (Vorgespräch, Einleitung):** Ein Ermittler soll sich Zeit nehmen, den Befragten kennenzulernen, beispielsweise, indem er beim Small-Talk über mögliche Gemeinsamkeiten spricht. Vertrauen kann auch entstehen, wenn ein Ermittler dem Befragten frühzeitig den folgenden Vernehmungsprozess erklärt und dieser darauf hingewiesen wird, dass er ausreichend Zeit für seine Aussage hat.
- **Account (freier Bericht, offene Fragen):** Der Befragte soll frei berichten. Der Ermittler stellt nur gelegentlich offene Fragen und hört ansonsten aktiv zu.
- **Challenge, Clarify, Closure (Verhör, Zusammenfassung):** Während der Vernommene in der Account-Phase frei erzählt, werden seine Aussagen in der C-Phase genauer unter die Lupe genommen. Ein Ermittler kann beispielsweise auf Widersprüche mit anderen Beweismitteln hinweisen. Auch geschlossene oder sogar Suggestivfragen sind in dieser Phase zulässig, um möglichst präzise Aussagen zu erhalten. Am Ende der Befragung fasst der Ermittler noch einmal die Aussagen zusammen und gibt einem Vernommenen so Gelegenheit, etwaige Unklarheiten anzusprechen bzw. Missverständnisse auszuräumen. Schließlich erhält der Vernommene selbst Gelegenheit, Fragen zum weiteren Verfahrensablauf zu stellen.
- **Evaluation:** In der Beurteilungsphase setzt sich das Ermittler-Team zusammen, bewertet die gewonnenen Informationen sowie den vorausgegangen Vernehmungsprozess. An dieser Stelle ist auch Raum, um Optimierungsideen für künftige Interviews zu erörtern.

Die PEACE-Methode ist keine „magic bullet", kein Wundermittel. Von Kritikern teilweise sogar als „Weichei-Methode" verspottet, wird der Ermittler mit ihr wohl kaum schwierige Zeugen zu einer Aussage oder einen Täter zu einem Geständnis überzeugen können. Das ist aber auch nicht Ziel von PEACE. Vielmehr handelt es sich um eine Art Checkliste, welche Schritte zu einer gelungenen Vernehmung dazugehören und in welcher Reihenfolge ein Ermittler Informationen erheben soll.

4.1.3 Das journalistische Interview

Auch bei journalistischen Interviewtechniken geht es darum, an Informationen zu gelangen (Falkenberg 1999; Haller 2013). Journalisten wollen Tatsachen oder Meinungen herausfinden, während Interviewpartner oft Botschaften unterbringen möchten, also das Interview zur Selbstvermarktung nutzen. Der Politiker im Interview spricht beispielsweise gerne über die Zukunftspläne seines Ministeriums, nicht so gerne allerdings über seine innerparteilichen Probleme mit der Parteibasis. Der Rockstar berichtet gerne über seine besten Konzerte und wie einige seiner genialen Einfälle zustande kamen, weniger gerne über die Studiomusiker, die einen Großteil seiner Stücke eingespielt haben. In Deutschland erhalten Interviewpartner zudem die Möglichkeit, ihre Antworten vor der Veröffentlichung noch einmal zu redigieren. Während meine Vernehmungen beim Bundeskartellamt oftmals einen ganzen Tag lang dauerten, ist der Zeitrahmen für ein journalistisches Interview meist auf eine Stunde begrenzt. In Interviews steht schließlich der Unterhaltungswert im Vordergrund, weniger die absolute sachliche Richtigkeit oder Vollständigkeit der Informationen. Der österreichische Journalist André Müller brachte dies einmal gut auf den Punkt: „Mir ist das auch völlig Wurst, ob der die Wahrheit sagt. Hauptsache, es klingt gut. Es muss nur ein guter Text sein." (zitiert in Müller-Dofel 2009)

In Deutschland versuchen manche Journalisten, Gesprächspartner im Interview zu entlarven. Es gehört schon beinahe zum Standardvorgehen von Journalisten des öffentlichen Rundfunks, Vertretern extremer Parteien möglichst früh ins Wort zu fallen und ihre Fragen mit einem Vorwurf zu beginnen, meist, indem sie die „richtige Meinung" im Anschluss mitliefern, was der Focus Kolumnist Jan Fleischhauer einmal als „Nanny-Journalismus" bezeichnete (Fleischhauer 2016). Das Entlarven geht meist schief, da ein funktionierendes Gespräch ausbleibt. Vielmehr enden solche Interviews mit Krawall, es geht nur noch um den Vorwurf des Journalisten und die Zuschauer können sich am Ende keine eigene Meinung bilden. Mario Müller-Dofel stellt in seinem Werk „Interviews führen" dann auch fest, dass Gesinnungsjournalisten in Interviews meist nicht weit kommen (Müller-Dofel 2009).

Michael Martens, Politik-Korrespondent der Frankfurter Allgemeinen Zeitung, führte beispielsweise einmal ein Interview mit dem damaligen Chef der griechischen Linkspartei Syriza, dem späteren griechischen Premierminister Alexis Tsipras. Nachdem sich Martens gründlich auf das Interview vorbereitet hatte und extra nach Athen geflogen war, begann er sein Interview mit einigen aggressiven Fragen, sodass Tsipras nach acht (!) Minuten das Interview beendete. Martens selbst war mit sich zufrieden: „Mein Ziel war, Tsipras durch das Interview zu porträtieren. Durch den Rausschmiss hat er sich selbst porträtiert und mir damit die Arbeit abgenommen." Und als sich Tsipras beim FAZ-Herausgeber über das Interview beschwerte, freute sich Martens: „Mit diesem Brief tat mir Tsipras' Presseabteilung einen großen Gefallen, weil sie ihr mangelndes Verständnis kritischer Pressearbeit freundlicherweise auch noch schriftlich dokumentierten" (zitiert in Müller-Dofel 2009). Herr Martens gilt als ausgezeichneter Journalist und es gab sicherlich reichlich Kritikpunkte an Alexis Tsipras und seiner Regierung. Man muss allerdings feststellen, dass dieses Interview keinerlei neue Informationen aufgedeckt hat, außer vielleicht, dass Tsipras in der Lage ist, ein Interview zu beenden. Ein Ermittler würde hingegen seinen Gesprächspartner, dessen politische Einstellung er nicht teilt, erst einmal mit offenen Fragen zum Reden bringen, dabei interessante Themen behandeln, um sich dann später mit dessen inhaltlichen Aussagen auseinanderzusetzen.

4.1.4 „Enhanced Interrogation"

Eine der ältesten Methoden zur Informationsgewinnung ist die Folter, heute auch „enhanced interrogation techniques" genannt. Folter, und sogar das Androhen dieser, ist im deutschen Rechtsstaat wie auch in fast allen weiteren zivilisierten Ländern verboten. Und doch hat es Folter schon immer gegeben und es wird sie wohl auch immer geben, nicht nur in Schurkenstaaten wie Russland, Weißrussland oder dem Iran. Im Krieg mexikanischer Drogenbanden gehört die Folter zum Waffenarsenal der Beteiligten, in den Niederlanden fand die Polizei im Jahr 2020 in Zusammenhang mit Ermittlungen in einer Lagerhalle in Brabant Container, die zu einem Foltergefängnis umgebaut waren. Die US Central Intelligence Agency (CIA) erstellte schon in den 60er Jahren einen Leitfaden zur Vernehmung einschließlich Folter, das Kubark Counterintelligence Interrogation Manual (CIA 1963), welches später freigegeben wurde. Auch später nutzte die CIA Folter unter dem Namen „enhanced interrogation techniques" im Rahmen ihrer Aufklärung der Attentate vom 9. September 2001. Und in Deutschland drohte ein Inspektor einem Kindesentführer an, jemand werde ihm große Schmerzen zufügen, wenn er nicht das Versteck des wahrscheinlich in Lebensgefahr schwebenden Jungen preisgäbe.

Der Fall Metzler
Am 27. September 2002 entführte der Frankfurter Jurastudent Magnus Gäfgen den elfjährigen Bankierssohn Jakob von Metzler. Danach warf Gäfgen einen Erpresserbrief in einer Plastikfolie auf das Grundstück der Metzlers, in dem er eine Millionen Euro in nicht nummerierten Scheinen forderte. Weiterhin verlangte er von der Familie, keine Polizisten einzuschalten, gab aber auch kein Lebenszeichen von Jakob. Die Familie Metzler tat das einzig Richtige und informierte die Polizei. Diese erkannte sofort, dass hier ein Amateur am Werk war: So war beispielsweise die vorgegebene Zeit viel zu kurz, um eine so hohe Summe in nicht nummerierten Scheinen zu besorgen. Zudem gab der Erpresserbrief Hinweise auf Ortskenntnisse in Frankfurt. Zur Geldübergabe kam der Entführer, Magnus Gäfgen, einfach selbst, unmaskiert und ohne Fluchtplan. Die Polizei observierte ihn für einige Zeit in der Hoffnung, er könne sie zum Opfer führen – als dies nicht geschah, nahmen ihn die Beamten fest.
Für die Frankfurter Polizei stand mit hoher Sicherheit fest, dass Gäfgen der Täter war. Die gefundenen Beweise reichten bereits, um ihm die Tat nachzuweisen – die Polizei fand beispielsweise eine Checkliste mit den für die Entführung notwendigen Vorbereitungshandlungen bei Gäfgen. Unklar war allerdings, ob es weitere Täter gab. Unklar war auch, wo sich das elfjährige Opfer

Jakob von Metzler befand. Es bestand die Möglichkeit, dass dieser in einem Erdloch versteckt wurde und dort bald zu ersticken oder verdursten drohte. Die Beamten brauchten schnell eine Aussage, um das Leben des Jungen zu retten. Leider war Gäfgen in der Befragung alles andere als kooperativ. Er tischte eine unglaubwürdige Geschichte nach der anderen auf. Zunächst erzählte er, er hätte das Geld für einen unbekannten Mann abgeholt, der ihn auf der Straße angesprochen habe – eine schon beinahe lächerliche Geschichte. Dann bezichtigte er zwei völlig unschuldige Brüder, mit denen er persönlich Ärger gehabt hatte, als Mittäter. Und obwohl die Beweislage gegen ihn erdrückend war, erwog Gäfgen nicht einmal die Möglichkeit, seine Situation durch ein frühzeitiges Geständnis zu verbessern.

Gibt es eine Möglichkeit, jemanden kurzfristig dazu zu bringen, eine Information zu liefern, die er nicht geben will? Die Polizei versuchte es mit gutem Zureden. Die Beamten erklärten Gäfgen die Auswirkungen eines Geständnisses auf das Strafmaß. Sie holten seine Mutter herbei, die ihren Sohn überzeugen sollte. Nichts funktionierte. Die Polizei überlegte, ein Wahrheitsserum einzusetzen (soweit es ein solches überhaupt gibt) und schließlich dachten die Beamten sogar an Folter. Die Erzählungen zu diesem Fall unterscheiden sich darin, wie das Androhen der Folter genau erfolgte. Laut Aussagen der beteiligten Beamten, festgehalten im Buch „Um Leben und Tod – Wie weit darf man gehen, um das Leben eines Kindes zu retten?" (Ennigkeit und Höhn 2011), sollte ein Polizeibeamter mit Sportbundlizenz notfalls „unmittelbaren Zwang" anwenden, um Gäfgen zum Reden zu bringen. Laut Gäfgen drohte der Beamte, ihm alle Zähne auszuschlagen und, dass er „mit zwei großen Negern" in eine Zelle gesperrt würde, welche sich an ihm sexuell vergehen könnten. Der Wortlaut des Beamten soll Gäfgen zufolge weiter geheißen haben, dass „die Neger ihn in den Arsch ficken" würden (Ennigkeit und Höhn 2011). Die Androhungen, welchen Inhalts auch immer, reichten, um Gäfgen schließlich zum Reden zu bringen. Er führte die Polizei zu einem Privatgrundstück bei Birnstein im Schauerwald. Dort fanden die Polizisten den elfjährigen Jungen tot in einem verschnürten Bündel im See. Gäfgen hatte ihn bereits am Tag der Entführung umgebracht, indem er ihn mit Klebeband über Mund und Nase erstickte.

Ein Extremfall. Ein skrupelloser, völlig gewissenloser Täter, ein elfjähriges Kind, das gerettet werden muss. Keine andere Möglichkeit, den Täter zum Sprechen zu bringen. Der Fall kam vor Gericht: Dieses stellte fest, dass das Androhen von Schmerzen unter keinen Umständen zulässig sei. Selbst eine Nothilfe bei einem wie dem hier vorliegenden Fall rechtfertige keine Verletzung der Menschenwürde als fundamentalstem Menschenrecht. Die zuständigen Beamten wurden aufgrund von Nötigung im Amt zu einer geringen Geldstrafe verurteilt, allerdings verloren sie auch ihren Beamtenstatus und ihre Pension. Der Europäische Gerichtshof für Menschenrechte entscheid am 1. Juni 2011, dass Gäfgen zwar keiner Folter, aber unmenschlicher Behandlung ausgesetzt worden war. Das Landgericht Frankfurt sprach daraufhin Gäfgen eine eher symbolische Entschädigung von 2000 EUR zu, die an eine gemeinnützige Einrichtung gezahlt wurde.

Anders als bei der Inquisition, bei der unwahre Anschuldigungen durch ein Geständnis abgesichert werden sollten, dient Folter meist der Informationsgewinnung und nicht der Erlangung eines Geständnisses. Die CIA beispielsweise wollte von möglichen Terroristen Informationen zu weiteren geplanten Attentaten und zu Strukturen der Terrornetzwerke erhalten. Die Polizei im Fall Metzler wollte von dem Entführer den Ort erfahren, an dem dieser den gekidnappten Jungen gefangen hielt, um so sein Leben zu retten.

Wie wir gesehen haben, kann Folter jedoch auch dazu genutzt werden, jemanden zu einem Geständnis einer Tat zu bewegen, die er gar nicht begangen hat. Auch während der Moskauer Prozesse von 1936 bis 1938 folterten Stalins Schergen seine Gegenspieler mit dem Ziel, erwünschte Aussagen zu erpressen. Fast alle gestanden und wurden aufgrund der ihnen unterstellten terroristischen Aktivitäten im Auftrage seines Gegenspielers Trotzki hingerichtet. Dass die Geständnisse in vielen Fälle nachweislich falsch waren, war für die vernehmenden Personen unerheblich. Auch den Inquisitoren ging es nicht um Wahrheitsfindung, sondern darum, ein Exempel mit Außenwirkung zu statuieren. Manchmal geht es sogar weder um Geständnisse oder Informationsgewinnung, sondern um Sadismus, Bestrafung und Terror. Wenn beispielsweise der weißrussische Geheimdienst Demonstranten foltert, dann sind die Mitglieder nicht an einem Geständnis interessiert – sie wissen bereits, was das Ziel der Demonstranten war. Vielmehr geht es ihnen darum, deutlich aufzuzeigen, wozu Widerstand gegen die Staatsgewalt führen kann.

Der große Terror und die Moskauer Prozesse[2]

Am 1. Dezember 1934 ermordete Leonid Nikolajew, ein Arbeiter aus Leningrad, das Mitglied der Kommunistischen Partei, Sergei Kirow, der gleichzeitig ein Freund Stalins war. Stalin erließ daraufhin Notstandsmaßnahmen, nach denen Spitzenfunktionäre der Kommunistischen Partei festgenommen und in den Jahren 1936–1938 in mehreren Schauprozessen abgeurteilt und hingerichtet wurden. Dabei ging es Stalin im Wesentlichen darum, die „alte Garde" der Revolutionäre aus der Oktoberrevolution zu beseitigen – teils wird sogar behauptet, Stalin habe sich den Anlass geschaffen und die Ermordung Kirows selbst in Auftrag gegeben. Auf jeden Fall führte Stalin bei allen vier großen Schauprozessen – drei davon waren öffentlich, einer fand ausschließlich vor einem geheimen Militärgericht statt – im Hintergrund Regie. Das „Drehbuch" der Prozesse plante er eng mit dem Chefankläger Andrei Wyschinskij. Die Anklage inszenierte eine fiktive Verschwörung, wonach die Angeklagten unter der Leitung von Leonid Trotzki hohe kommunistische Funktionäre, einschließlich Stalin, ermorden wollten. Die Anklage war dabei in fast allen Punkten nachweislich falsch. Viele Aussagen von Klägern und mutmaßlichen Zeugen widersprachen sich, was jedoch weder das Gericht noch die Anklage störte. Die russische Zeitung Nowaja Gaseta schrieb später über Wyschinskij, er sei der erste Staatsanwalt gewesen, der zeigte, dass es möglich sei, einen Prozess gänzlich ohne Beweise zu führen (Mlechin 2018).

Die Angeklagten gestanden jeden einzelnen Vorwurf, der ihnen gemacht wurde. Die sowjetische Geheimpolizei NKWD, ein Vorläufer des KGB, hatte die Gefangenen zuvor gründlich vernommen, wenn nötig, auch mit Foltermethoden. Oftmals gab es bereits zu Beginn der Vernehmung vorbereitete Skripte mit Fragen der Staatsanwälte und Antworten der Angeklagten, denen diese nur zustimmen mussten. Lehnten sie sie ab oder widersprachen sie sogar, erging es ihnen schlecht. Der Angeklagte Nikolaj Krestinskij beispielsweise, ein früher Revolutionär gegen das zaristische Russland, widerrief in der Verhandlung sein Geständnis. Daraufhin vertagte sich das Gericht umgehend und Krestinskij erhielt eine „Sonderbehandlung". Als der Prozess wieder aufgenommen wurde, zeigte Krestinskij offensichtliche Folterspuren und gestand alles.

---

[2] Die folgenden Ausführungen beruhen auf den Darstellungen von Jörg Baberowski „Der rote Terror: Die Geschichte des Stalinismus" (Baberowski 2007), Michael Schaper (Herausgeber) Geo Epoche 38/2009: „1917–1953: STALIN: Der Tyrann und das Sowjetreich" (Schaper 2009) sowie verschiedenen Wikipedia-Einträgen zum Großen Terror.

4 Verschiedene Vernehmungsmethoden

In den Moskauer Schauprozessen wurden nahezu die gesamte Führung der Oktoberrevolution sowie die verbleibende politische Opposition innerhalb der kommunistischen Partei ausgelöscht.
Warum hat Stalin so einen Aufwand betrieben, statt seine Gegenspieler einfach erschießen zu lassen? Die Historiker sind sich uneins. Das Publikum bei den Schauprozessen bestand aus „Schauspielern", also Untersuchungsführern, hohen Parteifunktionären sowie Polizisten. Ziel des Schauspiels war das einfache Volk, für das die Prozesse im Radio übertragen wurden. So konnte selbst der kleinste Bauer im abgelegensten Winkel des Landes an den Gerichtsverhandlungen teilhaben. Obwohl auch nur halbwegs intelligente Prozessbeobachter die Prozesse leicht als Farce erkennen konnten, schien die ungebildete Masse dennoch an die Richtigkeit der Vorwürfe zu glauben.

Im „großen Terror" war Folter keine Vernehmungsmethode zur Informationsgewinnung, sondern diente dazu, ein bereits entschiedenes Ergebnis – die Ausschaltung eines großen Teils der Kommunistischen Partei – nach außen zu rechtfertigen. Zudem diente sie Stalin als Machtmittel. Er setzte ein Zeichen, um allen eventuellen Gegnern vorzuführen, wie es ihnen erging oder ergehen könnte, sollten sie es wagen, ihm zu widersprechen.

Auch wenn zivilisierte Nationen Folter zum Zweck der Bestrafung oder zum Erlangen zweifelhafter Geständnisse ablehnen, so gilt es doch in vielen Ländern als tolerabel, Verbrecher zu foltern, um so weitere Verbrechen abzuwenden. Ein junges Beispiel dazu sind die „enhanced interrogations", die die CIA nach den Anschlägen vom 9. September durchführte. Sie beinhalteten unter anderem Waterboarding, eine Methode, bei der ein mit einem Tuch bedecktes Gesicht so mit Wasser übergossen wird, dass das Opfer glaubt, zu ertrinken. Das Ziel derartiger Befragungsmethoden ist meist folgendes: Der Vernommene wird durch Schmerzen, Angst, Hunger, Schlafentzug und/oder Isolation in einen kindlichen Zustand zurückgeführt, also in einen Zustand, in dem seine Existenz maßgeblich durch das Wirken Dritter bestimmt wird. In diesem Zustand fällt es ihm schwer, auf erwachsene Schutzmechanismen zurückzugreifen. Er ist hilflos und es bleibt ihm nichts anderes übrig, als auszusagen, um seiner Qual zu entkommen. Der Leiter des Programms, Dr. James E. Mitchel, beschrieb das Vorgehen der CIA später in seinem Buch „Enhanced Interrogation" (Mitchel 2016). Dabei entschuldigt er das Vorgehen der USA keineswegs, sondern hielt die

Folter für notwendig, um weitere Anschläge aufzuklären und damit das Leben vieler Unschuldiger gegen terroristische Anschläge zu schützen. Unter Folter gestehen Menschen alles. Deshalb ist es im Fall der vermeintlichen Terroristen, die die CIA-Agenten befragten, anders als in Stalins Prozessen, wichtig zu unterscheiden, ob der Vernommene die Wahrheit sagt oder sich etwas ausdenkt, um der Folter zu entkommen. Eine übliche Vorgehensweise der Ermittler ist es daher, Informationen zurückzuhalten, die nur ein Täter kennen kann. Verfügt der Befragte über nicht öffentlich bekannte Details, die einen Tathergang betreffen, liegt es nahe, dass die betreffende Person zum engeren Täterkreis gehört.

Kann „enhanced interrogation" in absoluten Ausnahmefällen gerechtfertigt sein, wenn es beispielsweise darum geht, einen Terroranschlag zu vereiteln, oder darum, ein entführtes Kind in einem Erdloch vor dem Verdursten zu retten? In Deutschland ist jegliche Form von Folter ausnahmslos, auch unter noch so extremen Umständen, verboten. Selbst das menschlich nachvollziehbare Verhalten des Kommissars im Fall Metzler führte dazu, dass der leitende Beamte aus dem Polizeidienst entlassen wurde. Nicht immer heiligt der Zweck das Mittel.

4.2 Methoden, um ein Geständnis zu erlangen

Man könnte meinen, wenn ein Befragter nicht mit der Sprache herausrücken will, ist es auch unmöglich, ihn gewaltfrei vom Gegenteil zu überzeugen. Ich möchte Ihnen Techniken vorstellen, mit denen Strafverfolgungsbehörden arbeiten, um es dennoch möglich zu machen. In Deutschland nutzen Ermittler die sogenannte Festlegungsmethode, in den USA stützen sich Polizisten oftmals auf die Reid-Methode.

4.2.1 Festlegungsmethode

Geht ein Ermittler davon aus, dass ein Befragter im Sinne der Anklage schuldig ist, kann er versuchen, den potenziellen Täter mit der Festlegungsmethode zu einem Geständnis zu bewegen (Wilfling 2019). Zunächst fragt der Vernehmer nach möglichst vielen Informationen, und zwar auch nach solchen Umständen, zu denen er bereits die Antwort kennt. Erwischt er den Befragten bei einer Lüge, legt er ihn auf bestimmte Antworten fest. Das könnte zum Beispiel so aussehen: „Sie sind sich also sicher, dass Sie das Opfer nicht kannten?"; „Sie können also mit Sicherheit sagen, dass Sie nicht am Tatort waren?" Anschließend sorgt er dafür, dass ein Rückzieher unmöglich wird: „Sie haben ja ein gutes Gedächtnis. Können Sie aber ausschließen, dass Sie sich vielleicht nicht daran erinnern, am Tatort gewesen zu sein? Sind Sie sicher?" Sobald der Ermittler den Befragten festgelegt und eine spätere Ausrede ausgeschlossen hat, präsentiert er ihm Gegenbeweise zu seiner Aussage, beispielsweise einen Fingerabdruck am Tatort, oder eine Zeugenaussage, die die Lüge des Vernommenen widerlegt. Der Befragte sieht dann in der Theorie ein, dass weiteres Lügen zwecklos ist, gibt seinen Widerstand auf und macht eine Aussage. Theoretisch. Es gibt Täter, die trotzdem weiterhin alles leugnen, was ihnen vorgeworfen wird.

Die Festlegungsmethode kann gut funktionieren, wenn der Ermittler Beweise hat, die den Täter einer Lüge überführen können. Außerdem muss sich der Befragte auch festlegen lassen. Profis halten sich meist noch eine Hintertür offen, beispielsweise: „Ich denke nicht, dass ich am Tatort war. Aber das ist so lange her, genau erinnern kann ich mich nicht."

4.2.2 Die Reid-Methode

Die Reid-Methode stammt aus den USA und wurde vom ehemaligen Polizeibeamten John E. Reid aus Chicago entwickelt. Sie beinhaltet einen neunstufigen Plan, um zu einem Geständnis zu gelangen. Der Ermittler, der von der Schuld des Befragten überzeugt ist, beginnt seine Befragung mit dem Statement, dass er von der Schuld des Befragten ausgehe und dass dieser keine Chance habe, mit seinen Lügen durchzukommen. Dann steigert der Ermittler kontinuierlich den Druck und baut beim Beschuldigten Stress auf. Dabei kann er auch lügen, beispielsweise, indem er dem potenziellen Täter weismacht, sein Mittäter habe schon alles zugegeben. Während der gesamten Befragung achtet der Ermittler auf die Körpersprache des Befragten, insbesondere auf

Zeichen von Schuld, wie eine Hand vor dem Mund oder Hände unter dem Oberschenkel. Am Ende bietet der Ermittler dem Betroffenen eine Art goldene Brücke an, mit der dieser die Tat zwar zugibt, allerdings erklären kann, warum er diese begangen hat (Inbau et al. 2015).

Die Reid-Technik ist eine durchaus effiziente Methode, um Beschuldigte zu einem Geständnis zu treiben. In Deutschland genießt sie allerdings bei Strafverfolgungsbehörden aus guten Gründen einen schlechten Ruf. Einerseits führt sie gelegentlich zu falschen Geständnissen von Unschuldigen, die nicht mit dem ausgeübten Druck umgehen können, andererseits macht dieser abgebrühten Kriminellen wenig aus. Außerdem sind in Deutschland Täuschungen bei offiziellen Vernehmungen nach der Strafprozessordnung unzulässig und angebliche Lügenmerkmale stellen keine gerichtsfesten Beweise dar.

4.3 Merksätze aus Teil 1

- Im Strafrecht steht oft Aussage gegen Aussage. Ob ein Beschuldigter ins Gefängnis muss oder nicht, hängt dann davon ab, wem das Gericht glaubt.
- Bei der Vernehmung geht es primär um Informationsgewinnung und nur sekundär um ein Geständnis.
- Die Methoden der Informationsgewinnung können auch bei einem Interview, einer Due Diligence, einem Personal- oder Verkaufsgespräch und bei Verhandlungen genutzt werden. Ein illustrierendes Beispiel hierzu findet sich in Kap. 22.
- Eine Vernehmung ist eine offizielle Befragung von Beschuldigten oder Zeugen, bei der ein Ermittler mit offenem Visier auftritt. In Deutschland erfolgen Vernehmungen nach der Strafprozessordnung, die ein faires Verfahren sicherstellt.
- Der Ermittler sollte immer nur eine Person vernehmen, nicht mehrere gleichzeitig.
- Mündliche Vernehmungen erbringen mehr und originellere Details als schriftliche Befragungen.
- Vernehmungen werden so freundlich wie möglich geführt.

- Der Ermittler muss gleich am Anfang die Beziehung zwischen Beschuldigten und Zeugen feststellen.
- Die Vernehmung zur Sache besteht aus einem freien Bericht und einem Verhör, das heißt, der gezielten Fragestellung.
- Beim freien Bericht lügen vernommene Personen fast nie.
- Oberstes Gebot während einer Vernehmung, aber auch für andere Formen von Gesprächen: „Get them talking and keep them talking".
- Unklarheiten, Widersprüche und Lügen werden erst während des Verhörs angesprochen.
- Manchmal ergibt ein informelles Nachgespräch die besten Informationen.
- Traditionelle Vernehmungsmethoden zur Informationsgewinnung sind

  – das kognitive Interview,
  – die PEACE-Methode,
  – das journalistische Interview sowie
  – die Folter (Inquisition, Terroristen).

- Traditionelle Vernehmungsmethoden zur Erlangung eines glaubhaften Geständnisses sind

  – die Festlegungsmethode sowie
  – die Reid-Technik.

Literatur

Baberowski J (2007) Der rote Terror: Die Geschichte des Stalinismus, Fischer Taschenbuch, Frankfurt am Main

Bender R/Häcker R/Schwarz V (2021) Tatsachenfeststellung vor Gericht (5. Auflage), C.H.Beck, München

Bethencourt F (2009) The Inquisition: A Global History, 1479–1834 (Past and Present Publications), Cambridge University Press, Cambridge

CIA. (1963). Kubark Counterintelligence Interrogation. Central Intelligence Agency

Ennigkeit O/Höhn B (2011). Um Leben und Tod, Wie weit darf man gehen, um das Leben eines Kindes zu retten?, Heyne, München

Falkenberg V (1999) Interviews meistern, Frankfurter Allgemeine Buch, Frankfurt

Fleischhauer J (2016). Erziehungs-Journalismus, Spiegel-Online, https://www.spiegel.de/politik/deutschland/fluechtlinge-und-medien-erziehungs-rundfunk-kolumne-a-1070501.html (letzter Zugriff: September 2024)

Haller M (2013) Das Interview (5. Auflage), Herbert von Halem Verlag, Köln

Inbau F/Reid J/Buckley J/Jayne B (2015) Criminal Interrogation and Confessions (2. Auflage), Jones&Bartlett Learning, Burlington USA

Mitchell L (2016) Enhanced Interrogation, Crown Forum, New York USA

Mlechin L (2018) Ничтожны предложения, идущие из атлантического лагеря! (Die Vorschläge aus dem atlantischen Lager sind wertlos!), in Novaja Gazeta Nr. 98 vom 7. September 2018, https://novayagazeta.ru/articles/2018/09/07/77739-nichtozhny-predlozheniya-iduschie-iz-atlanticheskogo-lagerya, Zugriff 2. Juli 2024, ins Deutsche übersetzt von Google Chrome.

Müller-Dofel M (2009) Interviews führen: Ein Handbuch für Ausbildung und Praxis, Econ, Berlin

Schaper M (2009) GEO Epoche 38/2009: 1917–1953: STALIN: Der Tyrann und das Sowjetreich, Gruner & Jahr, Hamburg

Schaper M (2018) GEO Epoche 89/2018 – Die Inquisition: Verfolgung und Gewalt im Namen der Kirche, Gruner & Jahr, Hamburg

Wilfling J (2019) Geheimnisse der Vernehmungskunst, Heyne, München

Teil II
Die Lüge

5
Glaubwürdigkeit und Glaubhaftigkeit

Im nächsten Abschnitt kommen wir zu einem spannenden Thema: der Frage, ob unser Gegenüber lügt. Wer würde nicht gerne wissen, ob der Gesprächspartner die volle Wahrheit sagt, diese ein wenig verdreht oder uns ein komplettes Märchen auftischt? Kein Wunder, dass sich Wissenschaftler in Theorie und Praxis viele Gedanken dazu gemacht haben, ob und wie eine Lüge zu entlarven ist. Auch in Gerichtsprozessen müssen Richter regelmäßig den Wahrheitsgehalt einer Aussage einschätzen. Dabei unterscheiden Gerichte in Deutschland zwischen Glaubwürdigkeit und Glaubhaftigkeit. Glaubwürdigkeit bezieht sich auf den Aussagenden und ist personenbezogen, Glaubhaftigkeit meint die Aussage selbst – insbesondere Logik, Konstanz und Plausibilität der Aussage – sie ist inhalts- und sachbezogen. Die Glaubwürdigkeit einer Person beeinflusst die Glaubhaftigkeit ihrer Aussage.

Merkmale, die für die Glaubwürdigkeit des Aussagenden sprechen, sind beispielsweise sein guter Ruf bzw. Charakter, seine soziale Stellung, ob er Vorstrafen hat, seine Herkunft und Erziehung sowie seine Bildung. Kann man also der Aussage eines promovierten Vorstandschefs aus gutem Hause und ohne Vorstrafen mehr trauen als der Aussage eines wegen Sozialbetrugs vorbestraften Harz-IV-Hilfe-Empfängers?

Ob es uns gefällt oder nicht, im täglichen Leben beurteilen wir meist zunächst die Glaubwürdigkeit einer Person und ziehen dann entsprechend unsere Schlüsse in puncto der Glaubhaftigkeit einer Aussage. Dabei spielt häufig der sogenannte „Halo-Effekt" eine Rolle, benannt nach dem englischen Wort „Halo", was mit Heiligenschein oder Lichthof übersetzt werden kann. In Deutschland wird dieses Phänomen deshalb auch als Hof-Effekt oder Heiligenschein-Effekt bezeichnet. Demnach werden Menschen regelmäßig aufgrund einer einzigen herausstechenden Eigenschaft beurteilt, obwohl diese Eigenschaft wenig, bis nichts über ihre weiteren Eigenschaften aussagt. Beispielsweise werden gutaussehende Personen meist auch als kompetent und intelligent eingeschätzt, obwohl es sicherlich gutaussehende Führungspersönlichkeiten gibt, die völlig inkompetent sind. Wer in den USA einen Master-Abschluss an einer Universität gemacht hat, wird für gewöhnlich als weltoffen und zielorientiert eingestuft. Dabei gibt es ausreichend Führungskräfte mit USA-MBA, die aufgrund ihrer Borniertheit schwere Probleme in Unternehmen verursacht haben. Wer dagegen durch eine negative Eigenschaft auffällt, beispielsweise durch mangelnde Körperpflege, dem wird auch schnell fachliche Inkompetenz oder mangelndes Strukturierungsvermögen unterstellt. Hat jemand schon einmal nachweislich gelogen, so werden auch alle späteren Aussagen dieser Person in Zweifel gezogen. „Wer einmal lügt, dem glaubt man nicht, und wenn er auch die Wahrheit spricht", sagt der Volksmund.

Der Bundesgerichtshof, etwas rationaler als der Volksmund, hat hingegen festgestellt (BGHSt 45, 164), dass die Glaubwürdigkeit einer Person keinen eindeutigen Rückschluss auf die Glaubhaftigkeit einer konkreten Aussage zulässt. Auch Personen mit hohen sozialen Stellungen können lügen, genauso wie eine charakterlich zweifelhafte Person die Wahrheit sagen kann. Höhergestellte Personen haben manchmal sogar ein besonders starkes Motiv, in kritischen Situationen zu lügen, einfach deshalb, weil sie sehr viel zu verlieren haben. Ein Vorstandsvorsitzender beispielsweise kann seine Beteiligung an einem Ausschreibungskartell kaum zugeben, ohne seine Position sowie sein berufliches Fortkommen zu gefährden. Ähnlich schreibt Friedrich Arntzen in seinem Buch „Psychologie der Zeugenvernehmung" (Arntzen 2011) dass Falschaussagen zu mutmaßlichen Vergewaltigungsfällen oft gerade von intelligenten

Zeuginnen aus guten Verhältnissen vorgebracht wurden, die behütet aufgewachsen sind, da gerade diese fürchten müssen, durch eine ungewollte Schwangerschaft bei ihren Familien in Ungnade zu fallen.

Personen mit höherem gesellschaftlichem Rang sind oft die besseren Lügner, wenn es darum geht, eine widerspruchsfreie, logisch stimmige Geschichte zu erzählen. Soziopathen stechen hier heraus. Bis zu vier Prozent der Bevölkerung sollen Studien zufolge eine dissoziale Persönlichkeitsstörung aufweisen und entweder Narzissten oder Soziopathen sein (Schafer und Navarro 2016; Steller 2015). Weil sie eine gute Menschenkenntnis besitzen und wissen, wie man andere manipuliert, sind diese Personen oft beruflich erfolgreich und können hohe Positionen erreichen. Der oben angesprochene Halo-Effekt verleiht ihnen zumindest anfänglich starke Glaubwürdigkeit. Im Gespräch wirken sie oft gelassen und selbstsicher. Manchmal fallen die Lügen dieser geübten Manipulanten gar nicht auf. Soziopathen sind außerdem gewöhnlich clever und gehen keine unnötigen Risiken ein, das heißt, sie lügen nur, wenn keine Gefahr droht, dass ihre Lüge auffliegt. Schließlich gehören Soziopathen zu den Menschen, die fast nie Geständnisse abgeben, mag die Beweislage auch noch so eindeutig sein.

Von der Glaubwürdigkeit einer Person auf die Glaubhaftigkeit ihrer Aussage zu schließen, ist also unzulässig. Doch anzunehmen, dass es bei der Glaubhaftigkeit einer Aussage überhaupt nicht auf die Zeugenpersönlichkeit ankäme, wäre genauso falsch. Erkennen wir in unserem Gegenüber einen Soziopathen, besteht die Gefahr, dass dieser lügt, soweit es ihm nutzt. Eine hohe Täuschungswahrscheinlichkeit geht auch von Menschen mit einer sogenannten Borderline-Störung aus. Ihr Verhalten ist oft impulsgesteuert und theatralisch. Da sie ein instabiles Selbstbild quält, suchen Personen mit Borderline-Syndrom oft nach Anerkennung. Ihre Persönlichkeitsstörung treibt sie zur Selbstinszenierung und mitunter auch zu manipulativem Verhalten. Für Ermittler ist dann schwer einzuschätzen, wo eine Lüge beginnt, da für Zeugen, die unter einer Borderline-Störung leiden, selbst Realität und Phantasie verschwimmen. Es kann vorkommen, dass ihren Lügen kein eindeutiges Motiv, sondern nur ein unspezifisches Gefühl der Wut oder Rache zugrunde liegt.

Das Beurteilen von Glaubwürdigkeit setzt voraus, dass ein Ermittler zunächst einschätzt, welche Fähigkeiten die fragliche Person mitbringt, um eine Lügengeschichte zu erfinden. Ein Kind, das detailliert über Missbrauch berichtet, ist gewöhnlich gar nicht in der Lage, sich eine solche Geschichte auszudenken (es sei denn, jemand hat das Kind manipuliert – aber dazu später). Ein Vertriebsmitarbeiter hingegen, der eine ausgedachte Geschichte von Lieferengpässen erzählt, um damit eine Preiserhöhung zu rechtfertigen, kann sich diese Geschichte sehr wohl ausdenken. Schließlich gibt es Fälle, bei denen Zeugen äußerst glaubhaft von Beobachtungen berichteten, die ihrer Sinnestüchtigkeit nach unmöglich waren, da sie sie beispielsweise mit ihrem Sehvermögen gar nicht hätten machen können.

Auch das vorherige Verhalten einer Person ist von Bedeutung bei der Beurteilung, ob eine Falschaussage vorliegt. Eine Zeugin beispielsweise, die bereits einmal einen Meineid geschworen und damit diese innere Hürde überschritten hat, wird mit höherer Wahrscheinlichkeit noch einmal einen Meineid schwören als ein Zeuge, der bisher immer korrekt ausgesagt hat.

Wir werden im Folgenden hauptsächlich auf die Glaubhaftigkeit abzielen, um zu beurteilen, ob unser Gegenüber uns anlügt, also auf die Aussage selbst. Dass wir unser Gegenüber als Person einschätzen, geschieht meist ganz automatisch. Doch der Schein kann trügen – oder wie es schon in der 90er-Jahre Erfolgsserie *Twin Peaks* heißt „The owls are not what they seem to be."

Literatur

Arntzen F (2011) Vernehmungspsychologie – Psychologie der Zeugenaussage – System der Glaubhaftigkeitsmerkmale (5. Auflage), C.H.Beck, München
Steller M (2015) Nichts als die Wahrheit?: Warum jeder unschuldig verurteilt werden kann, Heyne, München
Schafer J/Navarro J (2016) Advanced Interviewing Techniques (3. Auflage), Charles C. Thomas Publisher, Springfield, USA

6

Meine Erfahrung mit Lügen in der Vernehmung

Als wir einmal den Vertriebschef eines womöglich an einem Kartell beteiligten Unternehmens, Herrn Rot, befragten, hatten wir bereits die Information erhalten, dass dieser an Kartelltreffen teilgenommen hatte. Der Kronzeuge, Herr Blau, hatte uns vorher zwei konkrete Zusammenkünfte genannt, eine am 5. Juni in München und eine weitere am 20. September in Hamburg. Bei beiden, so war sich der Kronzeuge sicher, habe Herr Rot große Reden geschwungen. Hinsichtlich anderer Treffen war sich der Kronzeuge unsicher. Wir fragten Herrn Rot nach den beiden Treffen. Er sagte, er könne jeden Eid darauf schwören, dass er am 5. Juni an keinem Kartelltreffen teilgenommen habe. Die Frage zeige, wie unzuverlässig unsere Informationen seien. Und am 20. September sei er in Berlin gewesen, da sei er sich sicher. Wir nahmen die Aussagen von Herrn Rot, der sehr überzeugend vortrug, zu Protokoll. Später konfrontierten wir unseren Kronzeugen noch einmal mit der Aussage von Herrn Rot. Dieser forschte in seinem Taschenkalender nach und kam zu der Erkenntnis, dass das erste Kartelltreffen nicht am 5. Juni, sondern am 6. Juni stattgefunden hatte. Die Aussage von Herrn Rot war also richtig, er war am 5. Juni bei keinem Treffen – er hatte uns allerdings auch nicht darauf hingewiesen, dass das Meeting stattdessen am 6. Juni, also einen Tag später, stattgefunden hatte. Auch seine Aussage, dass er am 20. September in Berlin gewesen sei, erwies sich nach unserer Überprüfung als richtig – nur hatte er eben am Morgen des 20. Septembers von Berlin aus einen Zug nach Hamburg genommen und dort die entsprechende Veranstaltung besucht. Als wir ihn mit den neuen Fakten konfrontierten, konterte Herr Rot, dass er immer die Wahrheit gesagt habe.

Nach einem freien Bericht mit offenen Fragen folgt die gezielte Befragung, welche im Fall von offiziellen Befragungen Verhör genannt wird. Hier lässt der Ermittler den Vernommenen nicht mehr frei erzählen, sondern fühlt ihm auf den Zahn. Konkrete, auch unangenehme Themen kommen auf den Tisch. Die Informationen aus dem freien Bericht sind gewöhnlich glaubwürdig, weil die Vernommenen unangenehme Themen einfach auslassen können. Bei einem Verhör hingegen lässt der Ermittler solches Weglassen oder Abschweifen nicht mehr zu. Deshalb muss er damit rechnen, belogen zu werden. Ich komme gleich zu den verschiedenen Formen der aktiven Lüge. Doch zunächst geht es um die passive Lüge: das Vergessen.

6.1 Der vergessliche Zeuge

Eine Erinnerungslücke ist immer noch das einfachste Mittel, konkreten Fragen auszuweichen. Beim Bundeskartellamt scherzten wir gerne über die teils scheinbar schon in jungen Jahren an Alzheimer leidenden Personen, die sich an kaum mehr als ihren eigenen Namen erinnern konnten. Dass ich diese Erinnerungslücken meist nicht für glaubhaft hielt, dürfte wohl klar sein. Denn wenn Erinnerungen auch mit der Zeit verblassen, erinnern sich Menschen doch gewöhnlich sehr gut an herausragende, emotional behaftete Ereignisse. Ein Kartelltreffen zählt sicher dazu.

Eine Sache ist es, zu wissen, dass der Zeuge sich an mehr erinnert, als er zugibt, eine andere jedoch, ihn davon zu überzeugen, auch mehr zu sagen. Ein Patentrezept gibt es hierfür nicht. Ich habe über die Jahre einige Strategien entwickelt, die dabei helfen und die ich Ihnen nahebringen möchte. Mein Favorit bei offiziellen Vernehmungen war es, mir zu Beginn einer Befragung von dem Befragten seinen Lebenslauf erzählen zu lassen. Jeder kann viel über das eigene Leben berichten, und ich

6 Meine Erfahrung mit Lügen in der Vernehmung

kann fleißig das gute Erinnerungsvermögen des Erzählers loben. Wenn ein Vernommener dann ausführlich erzählt hat, kommt es ihm meist selbst seltsam vor, später im Verlauf des Gesprächs und insbesondere auf konkrete Fragen nur ganz knappe Antworten zu geben. Und wenn der Vernommene sich vorher an jedes Detail aus seiner lang zurückliegenden Studienzeit erinnern konnte, wird die Behauptung ihm eventuell selbst unangenehm sein, plötzlich keinerlei Erinnerung mehr an ein Treffen zu haben, dass erst kürzlich stattgefunden hat. Kognitive Dissonanz bedeutet, dass Verhalten und Gedanken nicht übereinstimmen. Menschen fühlen sich damit unsicher und können eine solche Dissonanz meist nicht lange ertragen.

Eine weitere Taktik, um vergesslichen Zeugen auf die Sprünge zu helfen, ist es, eine Tatsache explizit auszuschließen. Wenn ein Verdächtiger beispielsweise aussagt, er wisse beim besten Willen nicht mehr, ob er im letzten Jahr an einem Treffen in Hamburg teilgenommen habe, so kann der Ermittler fragen: „Können Sie denn ausschließen, dass Sie an einem dieser Meetings teilgenommen haben?" Ist der Befragte unschuldig, wird er eine Teilnahme gewöhnlich ausschließen, ist er aber schuldig, wird er sich um eine konkrete Antwort drücken und Ausflüchte suchen, etwa, dass er eine Teilnahme für unwahrscheinlich halte, sie mangels Erinnerung aber eben auch nicht ausschließen könne. Bei einer solchen Aussage gehe ich davon aus, dass der Zeuge sein schlechtes Gedächtnis nur vortäuscht – und kann dementsprechend mein weiteres Vorgehen planen, indem ich weitergrabe und nach anderen Beweisen für eine Beteiligung suche.

In einem Strafprozess ist die Strategie, eine Erinnerungslücke vorzutäuschen, oft erfolgreich. Denn es kommt fast nie vor, dass ein deutsches Gericht jemanden aufgrund Nichterinnerns für eine falsche, uneidliche Aussage nach § 153 StGB oder sogar einen Meineid nach § 154 StGB verurteilt. Zwar hat der Bundesgerichtshof festgestellt, dass in bestimmten Fallkonstellationen das Verschweigen beweiserheblicher Tatsachen strafbar sein und ein Unterlassen als Meineid angesehen werden kann (BGHSt 1, 22; 3, 235; 7, 127). Allerdings muss dafür das Schweigen eindeutig als Falschaussage bewertet werden können. Das ist eigentlich nur der Fall, wenn der Beschuldigte erklärt, er habe zu einer Frage alles gesagt, was er wahrgenommen habe, und dies dann nachweislich gelogen ist. Eine solche Aussage lässt sich jedoch leicht umgehen, zudem herrscht vor den Gerichten selten hundertprozentige Gewissheit darüber, ob der Vernommene nicht vielleicht doch nur etwas vergessen hat.

Anders als beim Strafprozess müssen Sie bei Verhandlungen, Interviews oder bei einem Verkaufsgespräch allerdings nicht zu 100 % sicher sein, dass Ihr Gesprächspartner lügt. Im Arbeitsrecht gibt es beispielsweise die sogenannte Verdachtskündigung. Das heißt, ein Arbeitgeber kann einem Arbeitnehmer wirksam kündigen, auch, wenn er diesen nur einer schweren Pflichtverletzung aufgrund starker Indizien verdächtigt. „Verdachtskündigungen" gibt es auch in romantischen Beziehungen. Hat ein Partner den starken Verdacht, betrogen zu werden, ist eine mögliche Konsequenz, den anderen zu verlassen – auch ohne hieb- und stichfeste Beweise. Auch bei Verhandlungen können wir Gespräche abbrechen, wenn wir glauben, an der Nase herumgeführt zu werden, ohne uns mit Beweisen dafür rechtfertigen zu müssen. Meist verbietet es die soziale Etikette sogar, dem Gesprächspartner offen eine Lüge vorzuwerfen.

Im Strafrecht kann ein Urteilsspruch hingegen nur aufgrund einer wasserdichten Beweislage ergehen. Gibt es Zweifel, so gilt „in dubio pro reo" – im Zweifel für den Angeklagten. Auch während meiner Zeit im Bundeskartellamt konnten wir unsere Bußgeldbescheide, bei denen es oftmals um Millionenbeträge ging, nicht allein auf eine verweigerte Erinnerung oder einen starken Verdacht stützen. Wir konnten aber auf Basis eines Verdachts eine Hausdurchsuchung durchführen oder weitere Ermittlungen vornehmen, um so letztendlich erdrückende Beweise sicherzustellen.

6.2 Vier Arten von aktiven Lügen

Lüge ist nicht gleich Lüge. Es ist hilfreich, folgende Muster voneinander zu unterscheiden:

- Das Lügenmärchen,
- das Parallelereignis,
- die Andeutung, die einen falschen Schluss nahelegt, oder
- den Nebenkriegsschauplatz.

6 Meine Erfahrung mit Lügen in der Vernehmung

Die schwierigste Form des Lügens ist es, ein komplettes Lügenmärchen zu erfinden. Nicht jeder kann das, denn es gibt einfach zu viele Details und Kleinigkeiten, die der Erzähler unter einen Hut bringen muss. Nicht umsonst gelten „professionelle Betrüger" oftmals als hochintelligente, eloquente und sogar meist sehr sympathische Personen. Weniger geübte Lügner sind dagegen bei ihren Lügen meist nur „kurz". Sie sind nicht in der Lage, ihre Geschichten mit Details auszuschmücken, deshalb lassen sie diese einfach weg. Detaillierte Erzählungen sind ein Glaubhaftigkeitsmerkmal, sprich: Wahre Geschichten werden detailreich geschildert, während eine fragmentarische Erzählung ein Warnhinweis für ein Märchen sein kann.

Für ungeübte Lügner ist es schwierig, komplette Geschichten zu erfinden, ohne sich in Widersprüche zu verstricken. Deshalb nutzen sie oftmals echte Erlebnisse. Eine Untersuchung zu falschen Identitäten von Kriminellen zeigte beispielsweise, dass diese oft nur einen kleinen Teil ihrer echten Identität verändern. Um eine Geschichte detailliert erzählen zu können, nutzen Lügner häufig sogenannte Parallelerlebnisse. Sie verwenden Details aus früher real erlebten Ereignissen und integrieren diese in ihre Geschichte. So kann ein Befragter, der fälschlicherweise angibt, bei einem Meeting anwesend gewesen zu sein, von einem anderen Meeting erzählen, welches einige Zeit vorher stattfand. Dies ermöglicht, Details über die Sitzordnung, die Getränke oder den Anfahrtsweg zu erzählen. Ein Beschuldigter, der für eine fragliche Tatzeit kein Alibi hat, kann detailliert vortragen, wie er zu diesem Zeitpunkt im Kino war, auch, wenn er den Film eine Woche zuvor gesehen hat. Die Erzählung eines Parallelereignisses ist schwierig zu erkennen, da Merkmale wie Detailreichtum, Gefühlsbeteiligung oder Konstanz der Geschichte über mehrere Befragungen hinweg seine Story glaubhaft wirken lassen. Dennoch ist es möglich, auch Erzählungen von Parallelereignissen als solche zu enttarnen. Ein Ansatz kann sein, sich nach tagesspezifischen Details zu erkundigen, zum Beispiel, wie das Wetter an diesem Tag war, oder beim Kinobesuch, wer die Eintrittskarte verkauft hat. Ein anderer Ansatz ist, die Ereignisse vor oder nach dem Parallelereignis abzufragen.

Eine weitere beliebte Art zu lügen ist, etwas so anzudeuten, dass der Vernehmer eigenständig einen falschen Schluss zieht. Fliegt die Lüge auf, kann sich der Vernommene immer noch damit herausreden, dass er immer die Wahrheit gesagt habe und nur missverstanden wurde. Als ich einmal während einer Vernehmung einen Geschäftsführer fragte, ob er bei den verschiedenen von uns untersuchten Kartelltreffen anwesend war, bejahte er dies ausdrücklich für ein Treffen. Die Aussage war richtig, doch deutete der Geschäftsführer mit seiner Bemerkung an, dass er nur an diesem einen bestimmten Meeting teilgenommen hätte, nicht an den weiteren Treffen. In Wirklichkeit hatte er sechs weitere Kartelltreffen besucht und sich dort auch aktiv beteiligt. Hätte ich nicht mehrfach nachgefragt, hätte ich dies nicht herausgefunden. Eine Vertriebschefin sagte auf die Frage nach ihrer Teilnahme an einem Treffen glaubhaft aus, sie sei an diesem Tag in einer anderen Stadt gewesen. Was sie mir vorenthielt, war, dass sie sich über das Internet zu dem besagten Treffen dazugeschaltet hatte. Durch ihre Aussage, sie sei am Tag des Treffens in einer anderen Stadt gewesen, wollte sie mich glauben machen, dass sie gar nicht bei diesem Treffen dabei gewesen sein konnte. Ist dies eine Lüge? Die befragte Vertriebschefin meinte nein, schwer empört darüber, dass wir ihr so etwas unterstellten. Sie war der Meinung, dass es nicht ihre Pflicht sei, selbst zur Aufklärung beizutragen und mehr Erklärungen zu liefern, als wir von ihr verlangten. Ein falscher Schluss sei das Problem des Vernehmenden.

Für einen Ermittler bedeutet dies: Lassen Sie Andeutungen niemals einfach so stehen und glauben Sie nicht, dass logisch nahestehende Schlüsse automatisch richtig sind. Wenn ein Zeuge von einem Treffen mit Herrn X, Frau Y und anderen Personen berichtet, dann frage ich, wer diese „anderen Personen" waren. Wenn die Zeugin in ihrer Geschichte Zeitsprünge unternimmt und nur vom Anfang und Ende des Treffens berichtet, da dazwischen lediglich über „administratives Zeug" diskutiert wurde, dann lasse ich mir von ihr das administrative Zeug erklären. Wenn der Beschuldigte beim Treffen am 5. Juni definitiv nicht anwesend war, dann frage ich nach, ob er vielleicht an anderen Treffen in der gleichen Woche oder im gleichen Monat teilgenommen hat. Wenn der Zeuge antwortet, dass er am 20. September in Berlin war, frage ich ihn, ob er sich an diesem Datum auch noch in anderen Städten befand. Die Vertriebschefin fragten wir damals: „Ich verstehe, dass Sie am Tag des Meetings nicht in Stuttgart, sondern in Düsseldorf waren. Dennoch haben Sie meine Frage noch nicht vollständig beantwortet, ob Sie an dem Meeting teilgenommen haben. Bitte beantworten Sie diese Frage."

Fragen Sie nach, aber belassen Sie es nicht bei Fragen, bei denen ein Zeuge mit Ja oder Nein antworten kann. Wenn der Zeuge auf die Frage, ob er am 20. September an einem Kartelltreffen teilgenommen hat, antwortet, dass er an diesem Tag auf einer Bootstour war, wäre es ungünstig, weiter zu fragen: „Dann verstehe ich also richtig, dass Sie an diesem Tag nicht bei einem Kartelltreffen teilgenommen haben?". Der Vernommene kann dann einfach mit „Ja" antworten – die einfachste Form der Lüge, notfalls sogar noch als Missverständnis erklärbar. Der Befragte könnte beispielsweise sagen, dass das Ziel des Treffens ja nicht das Kartell, sondern der Vertrieb war, deshalb habe er die Frage nach einem Kartelltreffen verneint. Hilfreicher wäre es, folgendermaßen anzuknüpfen: „Sie waren also am 20. September in Berlin. Das habe ich verstanden. Aber waren Sie an diesem Tag noch an anderen Orten?" Später könnten Sie auch noch danach fragen, ob der Zeuge vielleicht von Berlin per Telefon oder Videoschalte an einem Gespräch teilgenommen hat.

Die vierte Form der Lüge ist es, Nebenkriegsschauplätze zu eröffnen, um damit von einem Hauptgeschehen abzulenken. Personen, die die Wahrheit sagen, geben oftmals weitreichend Auskunft, während Lügner gerne auf einzelne, falsche, Details abzielen. In einem weiter oben genannten Fall machte der Befragte lange Ausführungen dazu, warum er am 5. Juni nicht an einem Treffen habe teilnehmen können. Die Aussage war richtig, das Treffen fand nicht am 5. Juni, sondern am 6. Juni statt. Der Befragte konzentrierte sich auf ein Detail und deutete damit an, dass die ganze Behauptung – einer Teilnahme–an Kartelltreffen – unwahr sei. Viele Missetäter würden dies nicht als Lüge empfinden.

7
Erkenntnisse aus der Mentiologie

Der Holzschnitzer „Meister Geppetto" fertigte eine Holzpuppe und nannte sie Pinocchio. Völlig überraschend erwachte die Holzpuppe zum Leben und versprach, artig zu sein und zur Schule zu gehen. Dafür stellte die Fee mit blauen Haaren Pinocchio in Aussicht, dass er einmal ein richtiger Junge aus Fleisch und Blut werden würde, er müsse nur immer hilfsbereit und fleißig sein. Dies war allerdings alles andere als einfach. Pinocchio musste vorher einige Prüfungen bestehen sowie Versuchungen und Fallen entkommen, meist angezettelt durch Kater und Fuchs sowie Pinocchios Freund Kerzendocht. Pinocchios Nase wuchs jedes Mal in die Länge, wenn er log, was ihn letztlich vom Lügen abhielt und auf den Pfad der Tugend führte.

Lassen Sie uns Fiktion mit Wissenschaft verbinden. Mentiologie ist die Wissenschaft vom Lügen. Den Begriff hat der österreichischer Soziologe Peter Stiegnitz geprägt. Die Forschung hat bisher jedoch kein forensisch nutzbares Merkmal wie Pinocchios Nase gefunden, um erlogene und wahre Aussagen sicher voneinander zu unterscheiden. Es gibt zwar Indizien, diese können aber auch zu falschen Annahmen führen. Zum Beispiel werden Aussagen von Menschen, die anderen nicht in die Augen sehen, von vielen Beobachtern als unglaubwürdig bezeichnet. Studien zeigen jedoch, dass Lügner nicht weniger Augenkontakt halten, oft sogar mehr, weil sie um dieses Vorurteil wissen. Ein ruheloser Befragter bewegt sich nicht zwangsläufig deshalb so viel, weil er lügt, sondern möglicherweise, weil er aufgrund der Befragung nervös oder allgemein sehr aktiv ist. Wenn sich jemand während einer Vernehmung häufig an die Nase fasst – in einigen Büchern über Körpersprache ein Zeichen für eine Lüge – kann das genauso bedeuten, dass dem Befragten einfach die Nase juckt.

Die meisten Menschen haben im Laufe ihrer Erziehung gelernt, die Wahrheit zu sagen. Auch wenn jeder Mensch wohl schon mindestens einmal gelogen hat, wurde uns „die Wahrheit sagen" als Tugend erklärt. Deshalb sind viele Menschen schlechte Lügner. Selbst erfahrene Lügner, und sogar anfällige Persönlichkeitstypen wie Soziopathen, lügen gewöhnlich nur, wenn die Situation dies ihrer Ansicht nach erfordert.

Eine Erkenntnis der Mentiologie ist, dass tatsächliche Erlebnisse stärkere Gedächtnisspuren hinterlassen als ausgedachte. Befragt man eine Person über ein reales Ereignis, das einige Monate zurückliegt, so wird sich die Person zumindest bei nicht alltäglichen Ereignissen daran erinnern können. Fragt man dieselbe Person nach einer Geschichte, die sie sich vor einiger Zeit ausgedacht hat, so ist es unwahrscheinlich, dass sie diese Erzählung noch einmal genauso wiedergeben kann oder überhaupt noch genauere Erinnerungen daran hat. Deshalb gilt die Konstanz einer Erzählung, das heißt, die Fähigkeit, ein Erlebnis nach einiger Zeit im Wesentlichen gleich erzählen zu können, als Glaubhaftigkeitsmerkmal. Der frühere Bundespräsident Theodor Heuss sagte angeblich einmal: „Wer immer die Wahrheit sagt, kann sich ein schlechtes Gedächtnis leisten."

Märchenerzähler brauchen hingegen ein besonders gutes Gedächtnis, um sich genau an die Einzelheiten ihrer ausgedachten Geschichten zu erinnern. Erfahrene Lügner wissen dies. Im Fall Kachelmann und der ihm vorgeworfenen Vergewaltigung führte die Hauptzeugin Claudia D. ein geheimes Tagebuch, in dem sie den vermeintlich erlebten Missbrauch sowie ihre Aussagen protokollierte (Knellwolf 2011). Dies könnte darauf hindeuten, dass Claudia D. es für erforderlich hielt, Ausgedachtes repetieren zu müssen, da es möglicherweise kein reales Erlebnis gab, das sich mit allen Details in ihr Gedächtnis einbrennen konnte.

Lügner nehmen bei ihren Geschichten eine Gefahreneinschätzung vor – bewerten also, wie hoch die Wahrscheinlichkeit ist, dass sie auffliegen könnten. Je unwahrscheinlicher es für sie scheint, entlarvt zu werden, desto höher ist die Wahrscheinlichkeit, dass sie lügen. Wie sagten schon die Gebrüder Grimm: „Wer lügen will, soll von fernen Ländern oder alten Dingen lügen, so kann man ihm nicht nachfragen." (Grimm 1999). Allerdings überschätzen die meisten Lügner die Möglichkeiten der anderen Seite, ihre Lügen zu durchschauen. Dies werden wir später nutzen.

Lügen, und damit meine ich das Erzählen von frei erfundenen Geschichten, ist kognitive Schwerstarbeit und deshalb anstrengend. Ein Lügner muss eine Menge Details behalten und miteinander in Einklang bringen. Fügt er neue Details hinzu, so muss er überprüfen, ob diese seiner alten Geschichte widersprechen. Menschen, die langsam und bedächtig sprechen, sind deshalb nicht unbedingt glaubwürdig, vielmehr ist es möglich, dass sie beim Sprechen ständig abgleichen, ob denn die neue Aussage zu den vorher getätigten passt. Kein Wunder, dass die meisten Lügner keine ausgefeilten Geschichten erzählen, sondern sich auf den roten Faden beschränken und eher karg berichten. Das ist tatsächlich verdächtig. Denn reale Erlebnisse sind detailreich, sie enthalten Komplikationen, unnötige Einzelheiten, akustische und visuelle Sinneseindrücke und manchmal auch Eindrücke wie Berührungen, Gerüche oder Gefühle.

Für einen Ermittler ist eine Lüge oft das kleinere Übel im Vergleich zu einem Irrtum. Sowohl bei Irrtum wie auch Lüge spricht der Gesprächspartner die Unwahrheit, einmal versehentlich, einmal vorsätzlich. Lügen sind jedoch leichter aufzudecken als Irrtümer. Denn die Lüge orientiert sich an der Wahrheit. Der Lügner will bewusst irreführen, anders als beim Irrtum, bei dem der Aussagende gar nicht weiß, dass er ein falsches Zeugnis ablegt.

Literatur

Grimm J (1999) Deutsches Wörterbuch (Erstveröffentlichung zwischen 1854–1971), Deutscher Taschenbuch Verlag, München

Knellwolf, T (2011) Die Akte Kachelmann, orell füssli Verlag AG, Zürich

8

Lügen und Körpersprache

Ein Ermittler kann versuchen, eine Lüge anhand ihres Aussagegehalts zu erkennen oder auch an der Körpersprache seines Gegenübers. Es gibt eine unüberschaubare Menge an Büchern und Kursen zum Thema Körpersprache und viele Autoren, die schwören, aus der Gestik ihres Gegenübers während eines Gesprächs treffsicher schließen zu können, wie nervös Befragte sind bzw. ob sie lügen. Andere Autoren dagegen halten Körpersprache für unzuverlässig. Ihrer Meinung nach handelt es sich um Vorurteile oder ein „Bauchgefühl", welches auf dem Halo-Effekt beruhe. Der Professor für Sozialpsychologie, Aldert Vrij, zitiert in seinem Buch „Detecting Lies and Deceit" (Vrij 2008) mehrere Studien, nach denen Ermittler, die besonders auf vermeintliche Körpersprache-Lügenkennzeichen achten, wie dem Ausweichen von Blicken oder dem Während-des-Sprechens-eine-Hand-vor-den-Mund-halten bei ihren Vernehmungen wesentlich schlechter abschneiden als Ermittler, die sich nur auf den Inhalt der Aussage konzentrieren.

Ich selbst habe viel Literatur zur Körpersprache studiert, systematisiert und versucht, sie bei meinen Vernehmungen und Interviews anzuwenden. Meine Erfahrung ist, dass die Beobachtung von Körpersprache hilfreich sein kann, zum Beispiel, wenn es darum geht, welche Fragen einen

Vernommenen nervös machen und wo ein Ermittler noch einmal nachhaken sollte. Eine Interpretation im Sinne von – kratzt sich an der Nase, lügt wahrscheinlich, zumindest schlechte Erinnerung – halte ich aber für Humbug. Denn unterschiedliche Befragte zeigen auch unterschiedliche Gestiken, beispielsweise in puncto Sprechgeschwindigkeit und Aktivität. Das eine Merkmal, das ein sicheres Indiz für eine Lüge ist, gibt es leider nicht.

> **Das eine Merkmal, das ein sicheres Indiz für eine Lüge ist, existiert nicht.**

Bei meiner Recherche habe ich auch Poker-Literatur, speziell zu sogenannten „Poker Tells" gelesen, also Körpersprache, die das Blatt des Spielers verraten soll. Es kursiert ja bei vielen Laien die Ansicht, dass professionelle Pokerspieler deshalb so erfolgreich seien, weil sie ihre Gegner wie ein Buch lesen könnten. Gus Hansen, jahrelang einer der weltweit besten Pokerspieler, sagte einmal sinngemäß übersetzt:

> „Man hört immer wieder, dass Pokerspieler sagen, „Ich wusste genau, was er hatte", wenn jemand die Karten des anderen richtig errät. Dieselbe Person sagt aber sehr wenig, wenn sie beim Einschätzen danebenlag. Es ist kompliziert, das Blatt des Gegenübers einzuschätzen. Da man also nie ganz sicher sein kann, ist es meiner Meinung nach besser, diesen Parameter komplett aus der Gleichung zu nehmen."[1]

Für mich trifft das Zitat den Kern der Sache sehr gut. Es gibt Vernehmende, die auf ihre Einschätzungen bezüglich der Körpersprache ihres Gegenübers sehr stolz sind und auch gerne von ihren Erfolgen erzählen. Leider liegen eben diese aber mit ihren Schlussfolgerungen auch häufig daneben – worüber sie dann leider fast nie berichten.

---

[1] *"You hear the words "I just knew what he had!" time and time again, when somebody makes a good read. But for some reason the same somebody keeps a very low profile when the read is off the chart! Exact reads are not easy to come by … Since it is impossible to know for sure what your opponent is holding, I believe it is better to exclude that parameter entirely from the equation."* (Hansen 2008).

Weitläufig bekannt sind die Untersuchungen von Professor Paul Ekman, einem inzwischen emeritierten Professor für Psychologie der University of California, die in der TV-Serie „Lie to me" verarbeitet wurden (Ekman und Friesen 2003; Ekman 2009). Er hat sich mit sogenannten Mikroexpressionen beschäftigt. Ekman meint, dass sich Gefühle wie Wut, Überraschung oder Ekel zumindest für sehr kurze Zeit, genauer für eine fünfundzwanzigstel Sekunde, aus dem Gesicht des Gegenübers ablesen lassen und dabei Lügen erkannt werden können. Die Mikro-Ausdrücke für spezifische Gefühle seien nicht erlernt, sondern genetisch bedingt und fänden sich in allen Kulturkreisen wieder. Dabei zeigten sich Lügen in den Gefühlen

- Schuld – ein schlechtes Gewissen,
- Angst – die Gefahr, entdeckt zu werden oder
- Freude – den anderen erfolgreich zu täuschen.

So einleuchtend und klar das Modell von Ekman ist, so schwer ist es, sein Modell in der Praxis anzuwenden. Während meiner Befragungen fand ich es meist unmöglich, überhaupt Mikroausdrücke zu erkennen. Am besten geht dies wohl, wenn Interviews mit einer Kamera aufgenommen und dann in Zeitlupe abgespielt werden, was während eines alltäglichen Gesprächs kaum möglich ist. Und wenn ich Mikroausdrücke erkannt habe, waren sie nicht so aussagekräftig, um damit eine Lüge zu entlarven. Auch die Wissenschaft steht den Erkenntnissen von Ekman zunehmend kritisch gegenüber, in der deutschen Strafverfolgung spielen sie eigentlich keine Rolle.

Fünf Tipps zur Körpersprache

Falls Sie eine Analyse der Körpersprache Ihres Gegenübers als Zusatz zu Ihren weiteren Beobachtungen vornehmen möchten, hier ein paar Tipps:

1. Einigen Studien zufolge zeigen sich körpersprachliche Merkmale, um Lügen zu erkennen, eher, wenn Lügner unter Stress stehen. Also stellen Sie ruhig komplizierte Fragen und setzen Sie Ihr Gegenüber damit unter Druck, wenn Sie eine Lüge aufdecken wollen.

2. Unter Stress zeigen Lügner eine von ihrer „baseline" abweichende Körpersprache. Doch Vorsicht, Abweichungen bedeuten nicht automatisch, dass es sich um eine Lüge handelt, sondern nur, dass Sie zu einem Thema genauer nachforschen sollten.
3. Lügner erwecken oft den Eindruck, stark nachzudenken. Dies kommt daher, dass sie damit beschäftigt sind, sich Tatsachen auszudenken, sie zeitgleich mit bekannten Fakten abzugleichen und dabei einen glaubwürdigen Eindruck zu erwecken. Typische Anzeichen dafür sind langsames Sprechen, das Wiederholen von Sätzen, lange (Denk-)Pausen sowie wenig Aktion mit den Händen.
4. Dass Ihnen jemand in die Augen sieht, muss nicht bedeuten, dass er die Wahrheit sagt. Entgegen einem weit verbreiteten Vorurteil spricht ein Ausweichen des Blickkontakts nicht für Lügen. Schenken Sie auch der Behauptung aus dem Neurolinguistischen Programming (NLP), dass Menschen, die nach oben links sehen, sich gerade etwas ausdenken, nicht zu viel Bedeutung. Diese Behauptung konnte niemals belegt werden (Vrij 2008).
5. Machen Sie es am besten wie ein Pokerprofi: Achten Sie auf Körpersprache, aber stützen Sie Ihre Entscheidungen lieber auf einen Gesamteindruck.

8.1 Der Lügendetektor

Lügendetektoren messen Körperreaktionen, insbesondere die Herzfrequenz, die Atemfrequenz und die Schweißabsonderung während einer Vernehmung. Das Gerät kann bei korrektem Einsatz sehr präzise sein, wenn auch nicht hundertprozentig sicher. Das amerikanische Federal Bureau of Investigation zum Beispiel verlangt von seinen Mitarbeitern regelmäßige Lügendetektortests.

In Deutschland ist der Einsatz von Lügendetektoren laut Bundesgerichtshof grundsätzlich erlaubt. Durch zwei Entscheidungen aus dem Jahr 1998 und 2010 stellt der Bundesgerichtshof fest, dass ein Test zwar nur mit Erlaubnis des Beschuldigten erfolgen darf, dann allerdings als Beweismittel zulässig ist. Manchmal ist ein Lügendetektortest einem Beschuldigten sogar zu empfehlen. Ein Beispiel: Ein Priester ist wegen eines Sexualverbrechens an einem minderjährigen Ministranten angeklagt. Nehmen wir an, der Priester ist unschuldig und jemand hat den Ministranten aus welchen Gründen auch immer erfolgreich manipuliert und dann Anzeige erstattet. Leider gibt es das tatsächlich – Verurteilungen unschuldiger Angeklagter aufgrund von Falschaussagen der vermeintlichen Opfer. Nehmen wir weiter an, der Zeuge ist in seinem Aussageverhalten auch noch überzeugend. Dann steht Aussage gegen Aussage. Sexualdelikte gegenüber Kindern sind derart widerliche Straftaten, dass vermutlich jeder die Täter gerne hart bestraft sähe. Eine objektive Beurteilung des Falls ist damit schwer und der angeklagte Priester hat schlechte Karten. Die Stimmung ist gegen ihn, in der Bevölkerung besteht sowieso ein auf zahlreichen echten Fällen basierender Generalverdacht. Kann er sich auch durch weitere Zeugen oder Beweise nicht entlasten, wird er im schlimmsten Fall zu einer Haftstrafe verurteilt. In dieser speziellen Situation bietet ein Lügendetektor dem Beschuldigten eine letzte Möglichkeit, die Aussagen der Gegenseite zu erschüttern.

Bei dem Einsatz eines Lügendetektors kommen zwei Fragetechniken zum Einsatz, die Kontrollfragetechnik und die Tatwissen-Technik. Ich möchten Ihnen beide hier vorstellen.

8.1.1 Die Kontrollfragen-Technik

Bei dieser Technik stellt der Ermittler der befragten Person Fragen nach dem Tatgeschehen und eine eine Kontrollfrage, bei der er den Befragten anweist zu lügen. Danach vergleicht der Ermittler die Reaktionen des Befragten auf Tat- und Testfrage und zieht daraus Rückschlüsse auf die Glaubhaftigkeit der Antworten. Eine Tatfrage könnte zum Beispiel lauten, ob der Befragte das Büromaterial gestohlen hat, und die Kontrollfrage, ob die betreffende Person aus Japan kommt, schon einmal Ehebruch begangen hat oder irgendwann in ihrem Leben einmal etwas gestohlen hat. Idealerweise muss es sich um eine belastende Kontrollfrage handeln, um die Reaktion des Befragten mit seiner Reaktion auf die ebenfalls belastenden Tatfragen vergleichen zu können. Wenn ein Ermittler als Kontrollfrage einen deutschen Staatsbürger also fragen würde, ob er Japaner ist, oder wenn er von einer blonden Person wissen möchte, ob sie brünett sei, kann die befragte Person lügen, ohne dass es für sie unangenehm wäre. Die gemessenen körperlichen Reaktionen – insbesondere Herzschlag und Schweißabsonderung – würden sich, wenn überhaupt, nur wenig verändern und wären schlecht mit denen einer folgenreichen Lüge vergleichbar.

Die Frage, ob eine Vernommene ihren Ehepartner einmal betrogen hat, wäre sicher eine belastende Kontrollfrage. Da manche jedoch ledig sind oder auf diesem Gebiet eine reine Weste haben, eignet sie sich ebenfalls nicht. Am effektivsten sind Kontrollfragen, die auf den Tatvorwurf abzielen und die bei Zustimmung die charakterliche Integrität der Befragten in Zweifel ziehen. So könnte man bei der Untersuchung eines Diebstahls von Büromaterialien dem Befragten die Kontrollfrage stellen, ob er schon jemals etwas gestohlen hat. Dabei muss der Ermittler den Vernommenen gar nicht anweisen zu lügen. Er weiß, dass 99 % aller Menschen irgendwann in ihrem Leben schon einmal etwas haben „mitgehen lassen". Allerdings ist es für einen Befragten unangenehm, dies gerade dann zuzugeben, wenn er ohnehin unter Diebstahl-Verdacht steht. Er nimmt an, vielleicht in der Praxis auch nicht ganz zu Unrecht, dass einer Person, die bereits einmal gestohlen hat, leicht unterstellt wird, es erneut getan zu haben. Dass der mit der Kontrollfrage erfasste Diebstahl vielleicht im jugendlichen Alter geschah und danach nie wieder, kann ein Befragter bei einer Ja/Nein-Frage nicht erklären. Insofern wird er auf diese Kontrollfrage hin womöglich mit einer Lüge reagieren. Unschuldige werden auf eine solche Kontrollfrage stärkere Körperreaktionen zeigen als auf eigentliche Tatfragen. Wahre Täter reagieren eher stärker auf die Tatfrage, da sie fürchten, entlarvt zu werden.

Die theoretische Annahme – Unschuldige reagieren stärker auf die Kontrollfrage, Täter dagegen auf die Tatfrage – stimmt mit der Praxis leider nicht immer überein. Unschuldige können aus unterschiedlichen Gründen bei einer Tatfrage stärker als bei der Kontrollfrage reagieren und alle Anzeichen einer Lüge zeigen, beispielsweise, wenn sie Angst davor haben, dass ihre Antwort auf die Tatfrage von Ermittelnden falsch interpretiert wird.

8.1.2 Die Tatwissentechnik

Wenn ein Fragesteller über Tatwissen verfügt, das ansonsten nur der Täter haben kann, kann er die Tatwissentechnik anwenden. Solches

Tatwissen könnte beispielsweise die Kenntnis über die Tatwaffe sein – wurde der Mord mit einem Messer, einer Pistole oder einem Schlagring begangen? Es könnte ein Gegenstand sein, der gestohlen wurde – Ring, Kette, oder Goldmünzen? Vielleicht auch, ob die Person weiß, wer die Kontaktpersonen waren, an die Informationen geliefert wurden. In der Praxis gibt der Ermittler oft fünf unterschiedliche Alternativen vor. Die körperlichen Reaktionen eines Täters werden sich bei der zutreffenden Antwort von denen bei den anderen Möglichkeiten unterscheiden. So könnte ein Ermittler einen möglichen Einbrecher beispielsweise fragen, ob er

1. durch ein offenes Fenster im Erdgeschoss eingebrochen ist oder
2. indem er ein Fenster aufgestemmt hat oder
3. ob er durch die Kellertür kam oder
4. das Türschloss mit einem falschen Schlüssel geöffnet hat oder
5. ob er einbrach, indem er das Türschloss aufgehebelt hat.

Wenn ein Befragter bei der zutreffenden Antwortmöglichkeit stärker reagiert, sprich, Herzschlag und Puls schneller werden oder die Schweißabsonderung steigt, so spricht dies für eine Täterschaft.

Die Tatwissentechnik schneidet bei empirischen Studien sehr gut ab. Unschuldige Befragte, die über keinerlei Tatwissen verfügten, wurden zu nahezu 100 % identifiziert, Personen mit Tatwissen zu 95 % (Volbert und Steller 1997).

Die Genauigkeit sowohl von Kontrollfragen- wie auch Tatwissentechnik kann durch das kompetente Auftreten eines Fragenstellers sogar noch gesteigert werden, da dieser Unschuldigen die Nervosität vor falscher Verdächtigung nimmt, während er beim Täter die berechtigte Angst vor dem Entdecktwerden verstärkt. Lügner hoffen auf inkompetente Ermittler und bekommen schnell Angst, dass ihre Geschichten auffliegen könnten. Die Folge ist, dass sie stärker auf die Tatfrage reagieren. Zu Unrecht Verdächtigte sind dagegen weniger nervös, wenn sie nicht fürchten müssen, von einem Ermittler zu Unrecht beschuldigt zu werden, d. h. sie reagieren weniger stark auf die Tatfrage. Der Befragte weiß ja, dass er die Wahrheit sagt und glaubt daran, dass ein Fragensteller dies auch erkennt.

Die Ergebnisse eines Lügendetektortests sind allerdings beeinflussbar. Es gibt Täter, die ohne das kleinste messbare Anzeichen von Nervosität lügen können. Zudem können Probanden den Herzschlag durch stilles Kopfrechnen, Gedanken an ein schreckliches oder fröhliches Erlebnis und die Schweißabsonderung durch Zusammenkneifen der Pobacken, die Füße auf den Boden pressen oder auf die Zunge beißen beeinflussen. Der Häftling Floyd „Buzz" Fay, der aufgrund eines Lügendetektortests fälschlicherweise wegen Mordes verurteilt und später wieder freigesprochen wurde, coachte sich selbst zum Lügendetektorexperten, um sein Wissen anschließend an 27 Mithäftlinge weiterzugeben, von denen 23 später trotz Schuld einen Lügendetektortest bestanden (Bell 2012).

Neben dem Lügendetektor experimentieren Wissenschaftler auch mit der Magnetresonanztomographie, die das Arbeiten verschiedener Gehirnareale nach außen sichtbar macht. Sind Lügen durch Aktivitäten bestimmter Hirnregionen erkennbar? Untersuchungen dazu laufen noch, aber es gibt starke Indizien, dass graphisches Darstellen neuronaler Prozesse noch effizienter sein kann als ein Lügendetektor (Vrij 2008). Allerdings gibt es auch Hindernisse: Einen Zeugen während einer Vernehmung und erst recht in einem unverfänglichen Gespräch in eine Röhre zu schieben, erscheint kaum realistisch. Zudem bleibt es vermutlich weiterhin spekulativ, ob eine erhöhte Gehirnaktivität immer auf eine Lüge oder nicht auch auf Unsicherheit zurückzuführen ist. Ebenso bleiben die oben genannten Gegenmaßnahmen möglich, wie sich selbst auf die Zunge zu beißen oder an etwas anderes zu denken. Und schließlich wäre der Einsatz der Magnetresonanztomographie durch Strafverfolgungsbehörden gegen den Willen eines Befragten in Deutschland ein Eingriff in die Menschenwürde und damit unzulässig.

Literatur

Bell V (2012) The truth about lie detectors, The Guardian, https://www.theguardian.com/science/2012/apr/22/lie-detector-fallibility-criminal-psychology (letzter Zugriff: Juli 2024)

Ekman P (2009) Telling Lies – Clues to Deceit in the Marketplace, Politics and Marriage (Erstveröffentlichung 1985), Norton, New York, USA

Ekman P/Friesen W (2003) Unmasking the Face, Malor Books, Cambridge, USA
Hansen G (2008) Every Hand Revealed, Citadel Press, New York
Volbert R/Steller M (1997) Psychologie im Strafverfahren, Hogrefe AG, Bern, Schweiz
Vrij, A (2008) Detecting Lies and Deceit (2. Auflage), John Wiley&Sons, Hoboken, USA

9
Das Motiv hinter einer Aussage

Wenn Menschen lügen, haben sie dafür triftige Gründe. Sie haben ein Motiv, auf das sie mit ihren Geschichten hinauswollen. Der erste Schritt, um Lügen zu erkennen, ist also, sich bereits vor einer Aussage zu überlegen, welche Motive in einem Fall für eine Falschaussage sprechen könnten. Die Ehefrau, die über den von ihrem Mann verursachten Unfall berichten soll, hat ein Motiv, um für ihn zu lügen. Der Rentner, der denselben Unfall zufälligerweise beobachtet hat, eher nicht. Der Bundesgerichtshof hob in einer Leitentscheidung aus dem Jahr 1999 die Notwendigkeit einer Motivanalyse hervor und hielt fest, dass das Vorliegen eines Motivs eine notwendige, aber keine hinreichende Bedingung einer Lüge sei (BGHSt NJW 1999, 2746). Wer keinen Grund hat, lügt auch nicht. Wer sein Gegenüber kaum kennt, wird auch kaum Interesse daran haben, ihm zu schaden. Andersherum: Wer ein Motiv hat, kann, muss aber nicht lügen. Die Lüge fällt umso leichter, je weniger der Aussagende den potenziell Geschädigten kennt bzw. je weniger persönliche Beziehungen bestehen. Lügen zu Lasten von Fremden, wie in einem Versicherungsfall oder gegenüber dem Finanzamt, fallen Lügnern eher leicht.

Das Motiv hinter einer Falschaussage zu finden, kann kompliziert sein. Gewöhnlich wird es der Zeuge für sich behalten. Manchmal ist es ihm vielleicht nicht einmal bewusst. Recht geringe Motive können Ursachen für folgenschwere Lügen sein – beispielsweise haben empfundene Kränkungen schon häufig zu Falschaussagen von Zeugen geführt. Die spontane Ablehnung einer Person oder Spaß am Lügen kommen allerdings selten vor, mit Ausnahme von Personen mit Borderline-Störungen. Häufige Motive hingegen sind mögliche Strafen, Peinlichkeiten oder wirtschaftlich negativen Folgen zu entgehen. Auch wenn Beziehungen in die Brüche gehen, lügen Menschen und erzählen teils sogar Geschichten über einen angeblichen Missbrauch des Partners oder der Kinder, wobei mitunter sogar die Kinder zu einer Falschaussage genötigt werden. Beispielsweise schätzt einer der führenden Aussagepsychologen, Professor Max Steller, dass 30 % aller Vergewaltigungsvorwürfe unbegründet sind (Steller 2015). Teilweise werden Menschen also zu Tätern erklärt, die in Wirklichkeit Opfer falscher Anschuldigungen sind. Die Folgen solcher Anschuldigungen können fatal sein: Wie im Fall Kachelmann landet der Beschuldigte in Untersuchungshaft, verliert seinen Partner, seinen Status und seine Stelle, gleichzeitig entstehen hohe Verteidigungskosten und schließlich entfremdet sich sogar noch die Familie, da man mit einem solchen Menschen nichts mehr zu tun haben will.

Oft wird eine Lüge strategisch eingesetzt, um anderen zu schaden und sich selbst einen Vorteil zu verschaffen. Geschäftsführer und Vorstände können in einem Kartellverfahren lügen, um ihre berufliche Stellung zu sichern. Mädchen aus gutem Hause können bei ungewollten Schwangerschaften lügen, um ihren bisher untadeligen Ruf zu wahren. Ehepartner können lügen, um nach außen den schönen Schein ihrer Ehe zu wahren oder, wenn es bereits um eine Scheidung geht, einen Sorgerechtsstreit zu gewinnen. Je höher die soziale Position einer Person ist, desto stärker ist deren Angst vor einem Verlust der Lebensumstände bzw. der eigenen Stellung sowie der eigenen beruflichen Karriere.

Warum lügen Menschen zugunsten anderer? Den „neutralen Zeugen" gibt es ebenso selten wie die angeblich selbstlose Lüge aus Freundlichkeit. Mancher Ermittler behauptet, es gäbe ihn überhaupt nicht. Meist hat ein Zeuge, der für einen anderen lügt, ein gewisses

Eigeninteresse und profitiert selbst von einer Falschaussage. Lügt die Ehefrau für ihren Mann, der einen Verkehrsunfall verursacht hat, dann möchte sie ihn schützen, aber auch sich selbst, um den Familienfrieden zu wahren. Der Ermittler sollte deshalb immer bedenken, welche Motive ein Zeuge mit seiner Aussage vielleicht verfolgt. So lassen sich Aussagen besser einordnen. Befragten wir im Kartellamt beispielsweise Opfer von Preiskartellen – also Abnehmer, die überhöhte Preise für ein Produkt gezahlt hatten – so erzählten uns diese Kunden zwar ausführlich von dem Marktgeschehen oder vorherigen Vertragsverhandlungen. Sie erzählten uns allerdings nicht alles. Was sie beispielsweise gleichzeitig verschwiegen, war, dass sie Schadenersatzklagen vorbereiteten oder dass sie ihr Wissen um das Bestehen eines Kartells als Druckmittel in den nächsten Vertragsverhandlungen nutzen wollten.

Lügen zugunsten von Freunden kommen sogar öfter vor als innerhalb der Familie. Nicht „Blut ist dicker als Wein", sondern „Bier ist dicker als Blut", müsste es eigentlich heißen (Bender et al. 2021). Auch Angestellte lügen gelegentlich für ihren Chef oder für die Institution, für die sie arbeiten – andersherum kommt dies äußerst selten vor. Ein weiterer klassischer Grund zu lügen ist vermeintliche Gruppensolidarität. So ist es bei einem echten „Knochenbrecher-Foul" im Fußball, welches von Ermittlungsbehörden unter Umständen als Körperverletzung verfolgt wird, quasi unmöglich, einen Spieler aus derselben Mannschaft dazu zu bringen, gegen seinen Teamkollegen auszusagen, da niemand als „Kameradenschwein" gelten möchte. Schließlich erfolgen Lügen zugunsten eines Dritten oft unfreiwillig. Beispielsweise können vorherige Drohungen Grund für eine Falschaussage sein. In seltenen Fällen werden Zeugen auch mit Geld für eine Falschaussage bestochen.

Weitere Motive für Lügen sind Rache, Minderwertigkeitskomplexe gegenüber dem Beschuldigten oder auch Geltungssucht. Der Zeuge möchte sich aufspielen und im Mittelpunkt stehen. Gerade deshalb berichtet er von fiktiven Erlebnissen oder Erkenntnissen. Allerdings, selbst wenn der Zeuge ein klares Rachemotiv hat, beispielsweise wenn ein Hausbesitzer gegen seinen Nachbarn aussagt, mit dem er seit Jahren einen Nachbarschaftsstreit führt, bedeutet dies nicht zwangsläufig, dass diese Aussage auch falsch ist. Es kommt häufig vor, dass jemand aus Rache nach einer Schwachstelle seines Gegners sucht, und ihn bei den

Behörden anzeigt, wenn er diese endlich gefunden hat. Ich habe beim Bundeskartellamt mehrfach erlebt, dass Mitarbeiter Informationen über Fehlverhalten ihres Arbeitgebers lieferten, ohne dadurch Vorteile zu haben. Manchmal waren dies Angestellte, die entlassen, nicht befördert oder auf andere Art schlecht behandelt wurden. Sie wollten sich rächen und dem Arbeitgeber schaden. Ihre Aussagen waren dennoch richtig, allenfalls etwas übertrieben.

Manchmal gibt es auch Lügen ohne böse Absicht. Ein Zeuge berichtet beispielsweise von einem Vorfall und schmückt das wahre Erlebnis mit unwahren Details aus, da er befürchtet, sonst würde ihm nicht geglaubt oder seine Aussage könne fehlinterpretiert werden. Mancher Lügner, der versehentlich mit einer kleinen Notlüge begonnen hat, kann später nicht mehr zurück und sieht sich gezwungen, der ersten Lüge weitere folgen zu lassen.

> Überlegen Sie sich also vor einem Gespräch, einer Verhandlung oder Vernehmung: Hat mein Gegenüber ein Motiv dafür, mich anzulügen? Welches Motiv könnte das sein und wie stark ist es bzw. was steht auf dem Spiel?

Literatur

Bender R/Häcker R/Schwarz V (2021) Tatsachenfeststellung vor Gericht (5. Auflage), C.H.Beck, München

Steller M (2015) Nichts als die Wahrheit?: Warum jeder unschuldig verurteilt werden kann, Heyne, München

10

Die Undeutsch-Hypothese

Frau Schwarz berichtet von einem Treffen, an dem sie am Vortag teilgenommen hat. Frau Pink, eine begnadete Lügnerin und Schauspielerin, erzählt ebenfalls von demselben Treffen – nur war Frau Pink gar nicht anwesend und hat ihre Erzählung komplett erfunden. Gibt es eine Möglichkeit, herauszufinden, wer von beiden lügt und wer die Wahrheit sagt?

Ich denke schon und werde Ihnen hier einen Experten vorstellen, der diese Frage umfassend untersucht hat. Prof. Dr. Udo Undeutsch war zu Lebzeiten Psychologe mit dem Schwerpunkt Rechtspsychologie. Nach dem Zweiten Weltkrieg wurde er durch zahlreiche Veröffentlichungen zu Fragen der aussagepsychologischen Gutachtertätigkeit bekannt. Er formulierte die sogenannte Undeutsch-Hypothese, die besagt, dass Aussagen über tatsächlich Erlebtes sich durch qualitative Merkmale von Aussagen über ausgedachte Erlebnisse unterscheiden. Jemand, der die Wahrheit sagt, rekonstruiert die Erlebnisse aus seinem Gedächtnis, ein Lügner hingegen muss seine Geschichte erst konstruieren. Die von Professor Undeutsch begründete und später von den Psychologen Günter Köhnken und Max Steller weiterentwickelte inhaltsorientierte Glaubhaftigkeitsanalyse, das sogenannte „Statement Validity Assessment", geht davon aus, dass es Realitäts- bzw. Glaubhaftigkeitsmerkmale gibt, die auf die Wahrheit hindeuten. Ein Kriterium für eine wahre Aussage kann beispielsweise sein, dass jemand sehr detailliert über ein Geschehen berichtet oder dass der Erzähler nicht über die intellektuelle und sprachliche Kompetenz verfügt, die vorgetragene Geschichte zu erfinden. Andererseits gibt es nach Undeutsch keine nachweislichen Lügenmerkmale, sondern nur Warnhinweise (Gordon und Fleisher 2019; Bender et al. 2021; Vrij 2008; Steller 2015). Das Fehlen jeglicher Glaubhaftigkeitsmerkmale ist ein Indiz dafür, dass eine Person vielleicht die Unwahrheit spricht. Zumindest hat eine Aussage ohne Glaubhaftigkeitsmerkmale kaum Überzeugungskraft und wir sollten uns auf eine solche Aussage nicht verlassen. Ganz ähnlich stellte der Bundesgerichtshof im Jahr 1999 die bereits oben beschriebene „Nullhypothese" auf (BGHSt NJW 1999, 2746). Sie beruht auf der Unschuldsvermutung. Demnach wird eine Aussage so lange als unbedeutend angesehen, bis die Aussage durch andere Indizien bewiesen wird. Solange also keine zusätzlichen Wahrheitsmerkmale vorliegen, ist eine Aussage als neutral anzusehen – als weder wahr noch falsch.

Mit der Undeutsch-These als Ausgangspunkt hat der Diplom-Sozialpädagoge Dr. Friedrich Arntzen mit Kollegen in mehr als fünfzigtausend psychologischen Gutachten die Glaubhaftigkeit von Zeugenaussagen untersucht (Arntzen 2011). Nach seinen Erkenntnissen kommt es beim Beurteilen einer Aussage primär auf die Aussagequalität an, die durch Erkenntnisse zur aussagenden Person sowie der Aussagehistorie ergänzt wird. Die von Arntzen untersuchten Fälle stammten alle aus dem echten Leben. Dabei ging es jedes Mal um weitreichende Vorwürfe. Oft hing von der Richtigkeit der Aussage ab, ob ein Angeklagter für längere Zeit ins Gefängnis musste oder ob es zu einem Freispruch kam. Zwar gibt es den schönen Witz eines meiner ehemaligen Oxford-Professoren, der seinen Kollegen zu einer neuen Einsicht beglückwünscht: „Das ist eine wunderbare Erkenntnis und funktioniert auch in der Praxis – aber stimmt sie auch in der Theorie?" In der Wirklichkeit schlägt die Praxis die Theorie. Eine Auswertung von echten Zeugenaussagen bei hohen Einsätzen, wie sie Arntzen vorgenommen hat, ist viel aussagekräftiger als theoretische Überlegungen oder im Labor nachgestellte Vernehmungssituationen.

Ich möchte Ihnen nun die vier in meinen Augen wichtigsten Glaubwürdigkeitsmerkmale vorstellen, Ihnen aber auch weitere nennen, damit Sie einen guten Gesamteindruck erhalten. In meinen Kursen gehe ich weit über das hier Genannte hinaus, doch würde das den Umfang dieses Werkes sprengen. Alle vier Merkmale habe ich in meiner Vernehmungspraxis getestet und immer wieder als hilfreich empfunden. Neben Psychologen wenden auch Richter und Staatsanwälte diese Erkenntnisse in ihrer täglichen Praxis an, um die Glaubhaftigkeit von Zeugenaussagen zu beurteilen. Der Bundesgerichtshof hat hierzu einmal festgestellt, dass das Beurteilen der Glaubhaftigkeit von Zeugenaussagen eine richterliche Kompetenz ist und das Hinzuziehen von richterlichen Sachverständigen nur in Ausnahmefällen erforderlich sei (BGH NStZ 2013, 672). Häufig habe ich den Eindruck, dass Prozessanwälte und Richter Lügen sogar besser aufdecken können als Psychologen, da sie von Natur aus misstrauischer sind. Aber das mag mein Vorurteil als Jurist sein.

Bevor wir mit den Glaubhaftigkeitsmerkmalen beginnen, muss ich noch zwei Einschränkungen machen.

- Erstens: Die genannten Kriterien zum Beurteilen von Aussagen funktionieren nur bei Personen, die auch eine umfangreiche Aussage machen, also zum Beispiel in einem Interview, mit einem gesprächigen Verhandlungspartner oder einem offenen Arbeitnehmer im Personalgespräch. Die Beurteilungskriterien funktionieren hingegen schlecht bis überhaupt nicht, wenn es nichts zu beurteilen gibt, sprich, wenn sich ein Zeuge wortkarg gibt, immer nur darauf hinweist, dass er sich an nichts erinnern kann oder sogar komplett schweigt. Deshalb ist es wichtig, einen Zeugen am Anfang jeder Vernehmung erst einmal reden zu lassen.
- Zweitens: Wie so oft in unserer immer komplexer werdenden Welt gibt es wenig Schwarz und Weiß, dafür aber viel Grau. Soll heißen, es gibt bei jedem Glaubhaftigkeitsmerkmal Steigerungs- und Minderungsformen sowie Fehlerquellen, die zu Verzerrungen führen können. Es gibt Regeln und Ausnahmen und dann wieder Ausnahmen von der Ausnahme. Sie lesen hier ein hoffentlich unterhaltsames und leichtfüßiges Sachbuch, keine Enzyklopädie. Deshalb bitte ich um Verständnis, dass ich die Dinge manchmal vereinfacht darstelle, um sie besser auf den Punkt zu bringen. Der ehemalige US-Präsident Ronald Reagan sagte angeblich einmal, dass es in unserer Welt viel zu viel grau gebe, und es mehr Zeit für schwarz und weiß sei. Ich stimme dem zu!

10.1 Glaubhaftigkeitskriterium Detailgrad

Mit meinen Bonner Kollegen untersuchte ich einmal ein sogenanntes Submissionskartell. Es sah so aus, als ob mehrere an diesem Kartell beteiligte Unternehmen öffentliche Aufträge unter sich aufgeteilt hätten, anstatt sich um diese zu bewerben. Der zuvor festgelegte Gewinner gab das günstigste Angebot ab, während seine vermeintlichen Konkurrenten künstlich erhöhten und viel zu teure Angebote einreichten. So gewann das jeweilige Unternehmen, welches den Auftrag auch bekommen sollte. Als Ausgleich gewannen die Kollegen die jeweils nächste Ausschreibung. Wir befragten den Vertriebsmitarbeiter eines der Unternehmen, Herrn Gelb, der glaubhaft behauptete, nichts von dem Auftragskartell zu wissen. Herr Gelb berichtete uns allerdings offen von den verschiedenen Ausschreibungen und davon, welche seine Firma verloren und welche sie gewonnen hatte. Dabei sei ihm selbst aufgefallen, dass seine Firma manchmal sehr hohe Angebote abgab, die keine Chance hatten, den Auftrag zu gewinnen. Als er einmal seinen Chef gefragt habe, warum sie bei einer Ausschreibung nicht ein viel besseres Angebot abgegeben hätten, habe dieser ihm geantwortet, dass es sich um Entscheidungen der Geschäftsleitung handele und er als Vertriebsmitarbeiter dazu da sei, diese auszuführen, statt sie zu hinterfragen. Dies habe ihn zwar verwundert, doch habe er sich gefügt.

Das erste Glaubhaftigkeitskriterium einer Aussage ist der Detailgrad. Echte Erzählungen sind bunt, denn auch das Leben ist bunt. Falschaussagen dagegen beinhalten fast nie eine große Anzahl von Details. Ein Ermittler kann diese Erkenntnis nutzen, indem er einen Zeugen nach seinem freien Bericht um weitere Details bittet. Echte Erzählungen enthalten im Idealfall auch umfangreiche Beschreibungen der beteiligten Personen, Ortsangaben, Angaben zum Wetter, über Gespräche und Gefühle. Es gibt unvorhersehbare Komplikationen und plötzlich auftretende Hindernisse, die für das Tatgeschehen eigentlich bedeutungslos sind, wie beispielsweise eine Chipkarte, die beim Öffnen einer Tür erst nicht funktionieren will.

Ausgedachte Geschichten dagegen sind karg und kurz. Sie beschränken sich auf das sogenannte „Kerngeschehen". Ein Lügner denkt sich eine Geschichte aus, weil er ein bestimmtes Ziel erreichen will. Die Geschichte umfasst entsprechend das Wesentliche und führt stringent zu diesem Ziel. Es fällt vielen Lügnern allerdings bereits schwer, sich eine Lügengeschichte auszudenken, die das Hauptgeschehen logisch und konsequent schildert. Weitere, über das Kerngeschehen hinausgehende Details zu erfinden, überfordert die meisten Geschichtenerzähler dann aber völlig.

Zeugen, die die Wahrheit sagen, können meist nicht nur Fakten, sondern auch von Stimmungen wie Wut, enttäuschten Erwartungen oder Frustration berichten. Bei Lügnern läuft meist alles glatt. Sie sind zielstrebig, und wenn ein Vorgang schwierig zu verstehen ist, liefern sie die Interpretation gleich mit. Manche kommen vielleicht gar nicht auf die Idee, zu ihrer Geschichte noch weitere Randereignisse wie eine nicht funktionierende Chipkarte hinzuzuerfinden oder Rätsel aufzugeben, die dann erst umständlich aufgeklärt werden müssen.

Aufrichtige Zeugen erzählen viele Details, selbst wenn diese für das eigentliche Geschehen unwichtig sind. „Er bekam einen knallroten Kopf und schlug mit der Faust auf den Tisch", oder „Dann wollte ich die Vereinbarung unterschreiben, aber mein verdammter Stift schrieb nicht mehr, und ich musste mir einen Kugelschreiber leihen". Das sind Aussagen, die sich ein Erzähler eher weniger ausdenkt. Ein Teilnehmer berichtete uns einmal über ein Kartelltreffen: „Es war sehr langweilig, ich sah hinaus, und dachte mir, dass jetzt wirklich der Frühling gekommen sei." Ein andermal berichtete ein Teilnehmer von einem als sehr unangenehm wahrgenommenen Raumspray sowie von der Unordnung auf dem Schreibtisch seines Gesprächspartners. In der Aussage von Claudia D. im Fall Kachelmann fehlten derartige Details nahezu komplett. Außer an das Kerngeschehen, so gab die Zeugin an, könne sie sich an nichts erinnern (Knellwolf 2011).

Ein starkes Wahrheitsmerkmal ist es, wenn ein Erzählender über eigene Gefühle berichtet, die dann vielleicht auch noch zwiespältig sind. „Ich habe die ganze Nacht über den Vorschlag nachgedacht und dabei kaum geschlafen. Nachdem ich dann der anderen Seite meine Entscheidung mitgeteilt hatte, habe ich mich schlecht gefühlt." Ein Lügner, der eine stringente, glatte Geschichte erzählen will, käme kaum auf die Idee, solch komplizierte und widersprüchlichen Gefühlsregungen zu beschreiben. Noch glaubwürdiger wird es, wenn eine befragte Person etwas erzählt, ohne es zu verstehen. Im obigen Beispiel des Submissionsbetrugs berichtete uns der Vertriebsmitarbeiter, er verstehe einfach nicht, warum man bei einigen Aufträgen kein besseres Angebot abgegeben habe. Den wahren Grund, dass seine Firma die Ausschreibung gar nicht gewinnen wollte, weil es ein Auftragskartell gab, hatte er nicht durchschaut. Zwei Hinweise an dieser Stelle:

1. Erfahrene Lügner wissen häufig, dass Details eine Geschichte glaubhafter wirken lassen. Deshalb versuchen sie, ihre Lügengeschichte mit zusätzlichen Einzelheiten auszuschmücken. Manchmal stammen diese Details aus Parallelereignissen und sind darauf ausgerichtet, die Lüge zu unterstützen. Allerdings ist es nahezu unmöglich, alle Details einer Geschichte wasserdicht vorzubereiten. Fragen Sie beispielsweise nach dem Wetter an diesem Tag, ob es bei der Anfahrt viel Verkehr gab oder wo die Leute am Buffet gestanden haben, machen Lügner häufig eine Denkpause oder versuchen, auf andere Art Zeit zu schinden. Jemand, der die Wahrheit sagt, kann solche Fragen meist spontan beantworten. Ein Warnhinweis für erfundenes Storytelling sind zudem Gespräche, bei denen eine Person einer anderen etwas gesagt haben soll. Da es hier keine weiteren Zeugen gibt, ist das schwer zu prüfen. Ein weiterer Warnhinweis liegt vor, wenn das Gegenüber von einem übertrieben schlechtem Gewissen berichtet und angeblich deshalb eine Aussage macht.
2. Viele Details sprechen zwar für eine wahre Aussage, wenig Einzelheiten jedoch nicht unbedingt für eine Lüge. Manche Menschen haben kein Detailgedächtnis, manche sind einfach von sich aus unsicher, antworten eher knapp und berichten nur Dinge, die sie für wichtig halten. Eine detailarme Erzählung, insbesondere, wenn sie auch auf Nachfrage karg bleibt, sollte Sie also hellhörig werden lassen. Doch denken Sie daran, dass es bei Ihrer Analyse immer auf das Beurteilen des Gesamtkunstwerks ankommt.

10.2 Glaubhaftigkeitskriterium Strukturgleichheit

Ein starker Hinweis dafür, dass jemand die Wahrheit sagt, liegt in der sogenannten Strukturgleichheit. Gemeint ist damit, dass eine Geschichte von Anfang bis Ende gleichförmig erzählt wird.

Wenn eine vernommene Person am Anfang einer Befragung sehr viele Details nennt, wenn es zum Kerngeschehen kommt, aber plötzlich kaum noch Einzelheiten berichten kann, erscheint dies unstimmig. Auch ein Zeuge, der zu Beginn einer Befragung geschwätzig ist und dann plötzlich immer stiller wird, ist verdächtig. Lügner haben oft ein präzises Gedächtnis für Dinge, zu denen sie aussagen wollen, und gleichzeitig eine auffällige Gedächtnisschwäche, wenn es um Fragen geht, auf die sie unvorbereitet sind.

Unterschiedliche Merkmale können zu einem Strukturbruch beitragen, zum Beispiel, wenn sich der Umfang der gelieferten Details während der Befragung verändert oder die Gedächtnisleistung abnimmt, wenn anfänglich dargestellte Emotionen während der Erzählung plötzlich ausbleiben, das Sprechtempo wechselt oder Denkpausen entstehen.

Lassen Sie eine vernommene Person zu Beginn der Vernehmung erst einmal frei reden, ganz ohne Druck, unangenehme Fragen und Unterbrechungen. Sie können während dieser Zeit davon ausgehen, dass die Person die Wahrheit sagt, weil sie sich ihre Inhalte frei aussuchen kann. Es geht bei diesen ersten Aussagen gar nicht so sehr um den Inhalt selbst, sondern darum, die Person in ihrem gelösten Zustand zu erleben und eine „baseline" ihres Sprachstils zu bilden. Wenn Sie später mit kritischen Fragen beginnen, gilt es zu beurteilen, ob die Erzählung mit der „baseline" strukturkonform ist oder ob es zu einem Bruch kommt.

Es gibt Wahrheitsmerkmale, aber keine Lügenmerkmale. Ein Strukturbruch ist ein Warnzeichen, aber noch keine sichere Garantie für eine Lüge.

10.3 Glaubhaftigkeitskriterium Nichtsteuerung

Der Zeuge Grau erzählt, wie er Frau Grün bei einem Kartelltreffen begrüßt hat und wie sie dann beide zum Besprechungsraum gingen. Er erzählt weiter vom Inhalt des Meetings. Dabei fällt ihm ein, dass er auf dem Weg zum Besprechungsraum noch Herrn Schwarz getroffen hat und beide fünf

Minuten Details zu einem wichtigen Auftrag ausgetauscht haben. Irgendjemand hat ein paar Worte zur Begrüßung gesagt, Herr Grau kann sich aber nicht mehr genau daran erinnern, wer es war. Später fällt ihm ein, dass bei der Begrüßung Frau Grün noch gar nicht anwesend war, obwohl sie dann später in der Besprechung die ganze Zeit das Wort an sich gerissen hätte. Das Meeting sei auch nicht besser als das erste Meeting gewesen, bei dem alle Teilnehmer durcheinander gesprochen hätten und keiner dem anderen zugehört hätte. Insbesondere Frau Grün und Herr Rot seien allen auf die Nerven gegangen – nein, es war nicht Herr Rot, sondern Herr Gelb, die kleideten sich ja immer sehr ähnlich und könnten beinahe Brüder sein.

Lügen ist kompliziert, Lügen ist schwierig. Spontane, sprunghafte Änderungen stellen in einer erlogenen Geschichte eine Gefahr dafür dar, dass Widersprüche entstehen oder entlastende Beweise plötzlich nicht mehr funktionieren. Der Lügner muss viele Dinge bedenken und seine Lügen immer mit vorherigen Ausführungen abgleichen. Ein ehrlicher Zeuge hingegen kann seine Ausführungen spontan ergänzen, ohne solche Überlegungen durchführen zu müssen. Denn wenn er schon vorher die Wahrheit gesagt hat, dann kann es aus seiner Sicht zu keinem Widerspruch kommen.

Die sogenannte „Nichtsteuerung" ist das dritte Wahrheitskriterium meiner Top-4-Liste. Menschen, die schnell und spontan antworten, ohne viel nachzudenken, die plötzliche Einfälle und Ergänzungen einbringen, ohne zu versuchen, das Gespräch zu kontrollieren, sagen gewöhnlich die Wahrheit. Wenn jemand langsam und bedächtig spricht und immer wieder länger nachdenken muss, ist das hingegen ein Warnzeichen. Es kann zwar für Gründlichkeit sprechen, es kann aber auch ein Zeichen dafür sein, dass der Zeuge immer wieder überprüft, ob er sich nicht gerade verstrickt. Menschen, die die Wahrheit sagen, erzählen nicht immer linear. Chaotische Erzählungen, wie vorstehend wiedergegeben, sind also ein solides Indiz für eine wahre Aussage. Jemand, der die Wahrheit sagt, kann auch zugeben, dass er sich an etwas nicht genau erinnert und dies dann nachtragen, wenn die Erinnerung zurückkehrt.

Aber Vorsicht: Auch Lügner schieben gerne Erinnerungslücken vor, wenn sie fürchten, eine falsche Aussage könnte sie entlarven. Claudia D. sagte auf Nachfrage immer wieder aus, sie könne sich nicht erinnern, ob Kachelmann ihr die scharfe oder die stumpfe Seite des Messers an den

Hals gehalten habe, als er sie vergewaltigt habe (Knellwolf 2011). Auch wenn nie ganz geklärt wurde, ob Claudia D. damals log, scheint es unwahrscheinlich, dass sie dieses entscheidende Detail vergessen hatte. Es ist eine weit verbreitete, aber falsche Annahme, dass Zeugen sich schlecht an traumatische Erfahrungen erinnern können. Das Gegenteil ist der Fall!

10.4 Glaubhaftigkeitskriterium Konstanz

Mein umfangreichster Fall beim Bundeskartellamt, ein unzulässiger Informationsaustausch, erstreckte sich über mehr als 20 Jahre! Die aus Sicht des Bundeskartellamts unzulässigen Treffen hatten in den Jahren 2003 bis 2008 stattgefunden. Wir untersuchten den Fall seit 2009, doch wegen interner Ressourcenprobleme kam es erst im Jahr 2013 zu einem Beschluss mit hohen Bußgeldern. Einige der Unternehmen nahmen die Entscheidung nicht hin, sondern legten vor dem Oberlandesgericht Düsseldorf Klage ein. Dieses bestätigte unsere Untersuchungen gegen die Unternehmen und erhöhte die Bußgelder sogar noch. Einige Unternehmen gingen vor dem Bundesgerichtshof in Revision. Sie gewannen den Prozess und die Entscheidung des Oberlandesgerichts wurde aufgehoben. Dies führte dazu, dass der Fall knapp 20 Jahre später neu vor dem Oberlandesgericht Düsseldorf verhandelt werden musste. In all den Jahren stützte das Bundeskartellamt seine Entscheidung maßgeblich auf einen Kronzeugen, Herrn Gold. Dieser musste immer wieder über Ereignisse sprechen, die eine Ewigkeit zurücklagen.

Kann ein Mensch sich über 20 Jahre und mehr an Ereignisse erinnern? Echte Erinnerungen, insbesondere solche von einschneidenden Erlebnissen, hinterlassen tiefe Gedächtnisspuren. Ein zuverlässiger Zeuge kann ein Kerngeschehen auch nach vielen Jahren noch wiedergeben. Dabei deutet seine Konstanz bei der Befragung, sprich, dass der Zeuge im Wesentlichen immer dasselbe aussagt, darauf hin, dass er das Geschehen wirklich erlebt hat und wahrheitsgetreu wiedergibt. Probieren Sie es selbst aus! Rufen Sie sich ein Erlebnis ins Gedächtnis, das vor einem Jahr passiert ist – gewöhnlich kein Problem. Und dann erinnern Sie sich an Ihre letzte Lüge und welche Details sie dazu erzählt haben. Es wird Ihnen schwerfallen! Beobachtungen echter Vorgänge und reale

Erlebnisse bleiben weit besser im Gedächtnis haften als erfundene Geschichten. Ehrliche Zeugen können sich also in aller Regel über Jahre hinweg gut an relevante Ereignisse erinnern. Sie können konstant über das Kerngeschehen berichten und beteiligte Personen benennen, Örtlichkeiten lokalisieren oder wichtige Gegenstände beschreiben, wie eine übergebene CD, auf der eine Kundenliste gespeichert war. Sie können dies nutzen, indem Sie Zeugen über einen längeren Zeitraum immer wieder zu denselben Dingen befragen. Herr Mollath, das Justizopfer in Bayern, das zu Unrecht viele Jahre in eine Psychiatrie eingewiesen wurde, hielt seine Geschichte über viele Jahre aufrecht, ohne die Kernbehauptungen zu modifizieren.

Natürlich kann es Erinnerungsverluste im Randgeschehen geben. Insbesondere Erinnerungen an eher unwichtige Details verblassen mit der Zeit, wie eine genaue Reihenfolge von Vorgängen, ihre Häufigkeit, oder das exakte Datum eines Events.

Herr Gold machte einmal bei einer der Gerichtsbefragungen einen Fehler. Er berichtete von einem nebensächlichen Detail, der Anwesenheit einer bestimmten Person bei einem Treffen, welches nachgewiesenermaßen nicht so stattgefunden haben konnte. Die fragliche Person war an dem Tag im Ausland, was zweifelsfrei festgestellt wurde. Die Anwälte der Gegenseite stürzten sich auf dieses Detail und behaupteten, dass die falsche Aussage gerade zeige, dass man Herrn Gold nicht als Belastungszeugen glauben könne. Das Gegenteil war der Fall. Herr Gold gab das Kerngeschehen in vielen Befragungen über Jahre hinweg exakt wieder. Der Fehler erfolgte im Randgeschehen, einem nicht sonderlich wichtigen Detail. Einem Lügner wäre ein solcher Fehler vermutlich nicht passiert. Denn ein Lügner bereitet sich auf seine Geschichte vor. Er notiert sie vielleicht sogar vorher, ähnlich wie Claudia D. in ihrem Tagebuch, und übt sie dann immer wieder ein, um konstant zu erscheinen. Ein ehrlicher Zeuge hat dies nicht nötig. Er bemüht sein Erinnerungsvermögen. Es kann also durchaus vorkommen, dass ein aufrichtiger Zeuge, der sich beste Mühe gibt, an der Aufklärung eines Falles mitzuwirken, seine Erinnerungslücken mit Annahmen füllt, die sich dann als falsch herausstellen. Das Vergessen von Nebensächlichkeiten im Fall von Herrn Gold sprach nicht dafür, dass er gelogen hatte, sondern gerade dafür, dass seine Geschichte nicht eingeübt war. Am Ende bestätigte das OLG Düsseldorf die Bußgelder gegen die beteiligten Unternehmen (OLG Düsseldorf V-6 Kart 9/19 OWi), basierend auf den Aussagen von Herrn Gold, aber auch aufgrund vieler anderer Beweismittel.

10.5 Weitere Glaubhaftigkeitsmerkmale

Dies war meine Top-4-Kriterien-Liste, um zu beurteilen, ob jemand die Wahrheit sagt:

- der Detailgrad,
- die Strukturgleichheit,
- die Nichtsteuerung und schließlich
- die Konstanz der Aussage.

Diese vier Kriterien erlauben bereits eine recht zuverlässige Einschätzung. Es gibt aber durchaus noch mehr. Nicht alle Kriterien sind auf alle Fälle anwendbar und nicht alle sind so verlässlich wie die genannten vier. Dennoch möchte ich weitere Werkzeuge skizzieren, um Ihnen einen Gesamteindruck zu vermitteln.

1. Lügner wollen, dass ihnen geglaubt wird. Deshalb erzählen sie stringente Geschichten und vermeiden Widersprüche. Sie sehen einem Ermittler bewusst in die Augen und versuchen, selbstsicher zu wirken. Zeugen, die weniger auf ihr Erscheinen achten, sagen auch eher die Wahrheit.
2. Zeugen haben „deliktspezifisches Wissen", das heißt, ein Zeuge sagt Dinge aus, von denen ein unbeteiligter Dritter nichts wissen kann. Er beschreibt zum Beispiel den Montblanc-Füller, mit dem der Täter einen Vertrag unterschrieben hat. Ein Lügner könnte dies nicht oder müsste zumindest bestimmte Details hinzuerfinden.
3. Ehrliche Zeugen sagen nicht aus Rache aus. Wie bereits geschildert, steht hinter jeder Lüge oder Falschaussage ein Motiv. Das Motiv bei belastenden Aussagen ist häufig Rache. Wenn also ein Zeuge

jemanden schwer belastet, sollten wir uns immer fragen, ob es für den Zeugen irgendeinen Grund gibt, sich zu rächen, beispielsweise, weil der Beschuldigte den Zeugen vorher bei einem Geschäft über den Tisch gezogen hat. Hat der Zeuge kein erkennbares Rachemotiv, so spricht dies für die Wahrheit der Aussage. Andersherum führt das Vorliegen eines Rachemotivs nicht zur zwangsläufigen Annahme, dass eine Aussage gelogen ist, nur ist eben Vorsicht geboten.
4. Wenn ein Zeuge sich selbst belastet bzw. einen Angeklagten entlastet. Ein ehrlicher Zeuge lässt Widersprüche in seiner Aussage zu und belastet sich sogar selbst. Aussagen wie: „Ich habe den anderen Unternehmen nicht deutlich genug klargemacht, dass ich nicht daran interessiert war, an dem Kartell teilzunehmen" oder „Das Unternehmen X war auch in einer schwierigen Situation, die hatten gar keine andere Wahl", zeigt, dass der Zeuge die Schuld nicht eindeutig einer Seite zuschiebt, sondern ein differenzierteres Bild abgeben möchte.

Schließlich gibt es noch Hinweise in der Sprache eines Zeugen, die darauf hindeuten, dass er unter Umständen nicht die Wahrheit sagt. Beispielsweise können viele negative Aussagen, ein Generalisieren oder Abstrahieren ein Warnhinweis sein. Beispiel: „Niemand hat etwas gestohlen", statt „Ich habe nichts gestohlen". Der Täter dissoziiert sich von seiner Aussage. Achten Sie auf solche ungewöhnlichen Sprachmuster, aber achten Sie auch darauf, ob manche Formulierungen der „baseline" des Zeugen entsprechen.

10.6 Die perfekte Lüge?

Wenn ich in meinen Kursen die Glaubhaftigkeitsmerkmale vorstelle, kommt immer wieder die Frage, ob es denn möglich sei, die perfekte Lüge vorzubereiten. Ich mache dann immer den Witz, dass ich irgendwann nicht mehr einen Kurs über geschicktes Befragen, sondern über perfektes Lügen anbieten werde. Meine Kursteilnehmer sind jedenfalls interessiert. Ist es möglich? Könnten Zeugen Gegenmaßnahmen ergreifen, wenn sie wissen, worauf ein Ermittler achtet, um eine Lüge zu erkennen? Könnten sie sich beispielsweise vor einer Aussage ausreichend Details überlegen, um eine detaillierte Geschichte mit spontanen Einschüben zu erzählen, konstant und ohne Strukturbruch? Muss ein Zeuge sich davor das Kerngeschehen notieren und immer wieder einüben, um immer gleich auszusagen, während er ein paar Randereignisse mit Absicht verwechselt oder vergisst? Kann er dann noch spontane Äußerungen einstreuen und sich selbst ein wenig belasten oder andere ein wenig entlasten?

Es gibt schlechte, gute und exzellente Lügner. Es gibt Lügner, die besondere Eigenschaften besitzen, wie ein ausgesprochen gutes Gedächtnis, schnelles, originelles Denken, Eloquenz und schauspielerische Fähigkeiten. Ich denke, dass ein Zeuge darüber hinaus mit Kenntnis der Glaubhaftigkeitsmerkmale seine Falschaussage stark verbessern und damit viele Menschen täuschen kann. Die Polizei Schwetzingen und die Staatsanwaltschaft Mannheim glaubten beispielsweise noch bis zum Freispruch Kachelmanns Claudia D., dass sie sein Vergewaltigungsopfer war (Kachelmann und Kachelmann 2012). Es brauchte das Oberlandesgericht Karlsruhe, um festzustellen, dass die Beweise gegen Kachelmann alles andere als eindeutig waren und weder für Untersuchungshaft noch für eine Verurteilung ausreichten.

Es gibt Gegenstrategien von Lügnern, um nicht aufgedeckt zu werden. Und es gibt wiederum Strategien gegen diese Gegenstrategien. Sich unzählige Details auszudenken und zu behalten ist eben praktisch unmöglich. Welche Farbe hatten die Tassen? Wie standen Sie bei der Begrüßung? Bei wem klingelte das Handy während des Meetings? Dies sind nur ein paar Beispiele für Fragen, die ein wahrer Zeuge beantworten kann, die aber einen auch gut vorbereiteten Lügner kalt erwischen können. Außerdem: Eine akribisch vorbereite Aussage ohne Strukturbruch, die bei jeder Befragung in der exakt gleichen Reihenfolge vorgetragen wird, wirkt auch wieder verdächtig und unglaubwürdig. Selbst die Strategie, einen Dritten zu entlasten, ist hinreichend bekannt und wird hinterfragt. „Denn Brutus ist ein ehrenwerter Mann, das sind sie alle, alle ehrenwert", sprach Mark Antonius schon in der Grabrede für Julius Caesar in einem Drama von Shakespeare, und lenkt damit doch gerade den Hass des Volkes auf diesen Brutus.

Literatur

Arntzen F (2011) Vernehmungspsychologie – Psychologie der Zeugenaussage – System der Glaubhaftigkeitsmerkmale (5. Auflage), C.H.Beck, München

Bender R/Häcker R/Schwarz V (2021) Tatsachenfeststellung vor Gericht (5. Auflage), C.H.Beck, München

Gordon, N/Fleisher, W (2019) Effective Interviewing and Interrogation Techniques (4. Auflage 2019), Academic Press, London, UK

Knellwolf, T (2011) Die Akte Kachelmann, orell füssli Verlag AG, Zürich

Kachelmann J, Kachelmann M (2012) Recht und Gerechtigkeit, Heyne, München

Steller M (2015) Nichts als die Wahrheit?: Warum jeder unschuldig verurteilt werden kann, Heyne, München

Vrij, A (2008) Detecting Lies and Deceit (2. Auflage), John Wiley&Sons, Hoboken, USA

11
Warnhinweise: Pinocchios Nase existiert nicht (Vrij 2008) – oder vielleicht doch?

Die Erklärung der Belastungszeugin Claudia D. im Fall Kachelmann, wie die angebliche Vergewaltigung stattgefunden hatte, war sehr gradlinig und glatt. Viele Details hatte sie vergessen, einige Teile der Erzählung ließen sich nicht nachprüfen. Dabei wirkte die Zeugin selbst jedoch glaubhaft und erweckte durch ihren Auftritt einen sympathischen, aufrichtigen Eindruck. Wenn ein Ermittler sie während Vernehmungen anzweifelte, wurde sie allerdings böse: „Ich habe alles erzählt, wie es war. Ich hasse lügen. Er lügt!" (Knellwolf 2011). Damit betonte sie ihre eigene Wahrheitsliebe. Im Lauf des Verfahrens musste sie allerdings einige Teile ihrer Aussage revidieren. Wenn sie auf Widersprüche hingewiesen wurde, nahm sie diese Aussagen einfach ohne Erklärung zurück. Sonst blieb sie aber bis zum Ende des Verfahrens und sogar darüber hinaus bei ihren Anschuldigungen.

Es gibt sie nicht, die Nase des Pinocchio, das eine Merkmal dafür, dass jemand lügt. Gäbe es das eine sichere Indiz für eine Lüge, könnte jede Lüge aufgedeckt werden. Auch bei Claudia D. blieben einige Beobachtende unentschieden, ob sie womöglich doch die Wahrheit gesagt hatte.[1] Zumindest hätten bei der Polizei und Staatsanwaltschaft die Alarmglocken läuten müssen. Genauso wie im Fall von Herrn Mollath – nur hätten die ermittelnden Behörden ihm aufgrund der zahlreiche Glaubhaftigkeitsmerkmale glauben sollen.

Leider gibt es in der Bevölkerung wie auch unter Ermittlern Irrtümer darüber, welche Zeichen auf eine Lüge hindeuten. So hält sich hartnäckig das Vorurteil, dass Befragte, die Blicken ausweichen oder die mit höherer Stimme sprechen, ein schlechtes Gewissen haben. Zahlreiche Studien zeigen jedoch, dass genau das Gegenteil der Fall ist, also das Lügner bewusst Blickkontakt halten. Leider zeigen Studien auch, dass professionelle Ermittler wie Polizisten, Gefängniswärter oder Zollbeamte ihre Fähigkeiten, Lügen zu erkennen, selbst hoch einschätzen (beispielsweise Bindig 2013), diese Personen aber bei objektiven Tests nicht besser abschneiden als der Durchschnitt. Professor Aldert Vrij sagt hierzu: „Ich weiß nicht, welche Art von Ausbildung professionelle Ermittler weltweit in der Lügenerkennung erhalten und es ist möglich, dass sie überhaupt keine Ausbildung erhalten. Die Lektüre von Polizeihandbüchern zu diesem Thema stimmt mich jedoch pessimistisch hinsichtlich der Qualität solcher Ausbildungsprogramme, wo sie denn existieren."[2] (Vrij 2008)

Der stärkste Warnhinweis darauf, dass eine Aussage falsch sein könnte, ist das Fehlen von Glaubhaftigkeitsmerkmalen, also eine gesteuerte Aussage ohne Details und Konstanz. Wir sagen auch, die Geschichte läuft „schemenkonsistent" ab, das heißt so, wie sich ein Lügner ohne viel Fantasie die Tat vorstellt. Bei kritischen Punkten kommt es zu Strukturbrüchen, spontane Erinnerungen bleiben aus. Lügner bringen Fakten, die dann unüberprüfbar sind. Können sie ihre Aussage nicht mehr aufrechterhalten, nehmen sie sie häufig ohne Erklärung zurück.

---

[1] Siehe beispielsweise Alice Schwarzer, in der Emma vom 10. Oktober 2016, „Die katastrophalen Folgen des Falles K." (Schwarzer 2016); Chantal Louis: „Die Hatz gegen die Traumatologen", ebenfalls in Emma, 25. Oktober 2017 (Louis 2017).

[2] "I do not know what kind of training professional lie catchers receive in lie detection around the world, and indeed they may not receive any training at all. However, reading police manuals about this topic makes me pessimistic about the quality of such training programs where they do exist." (Vrij 2008)

Eine weitere Strategie von Lügnern ist das Ausweichen. Der ertappte Lügner findet keine Erklärung, deshalb antwortet er auf eine Frage gar nicht oder versucht, so schnell wie möglich das Thema zu wechseln. Dafür geben Lügner sich große Mühe, seriös und glaubwürdig zu erscheinen. Auch Sätze wie der von Claudia D., „Ich hasse lügen. Er lügt!" (Knellwolf 2011) sind Musterbeispiele für einen Warnhinweis auf eine Lüge. Ehrliche Zeugen hingegen gehen davon aus, dass sich die Wahrheit durchsetzen wird und sie deshalb ihre Aufrichtigkeit nicht ständig betonen müssen.

Ich habe bei meinen Vernehmungen immer versucht herauszufinden, ob es bestimmte Sätze gibt, die besonders verdächtig sind. Auch wenn ein einziger Satz natürlich keine Garantie sein kann, glaube ich schon, dass es Sätze mit einem verdächtigen Subkontext gibt. Lassen Sie mich Ihnen einige davon vorstellen:

1. **„Bisher habe ich von Ihnen noch keine Beweise gegen mich gesehen."**
   - Subtext: Zeig mir, was du an Beweisen hast, dann kann ich meine Geschichte anpassen. Außerdem gewinne ich Zeit.
   - Bewertung: Unschuldige wissen, dass sie unschuldig sind und dass es keine Beweise gegen sie gibt. Deshalb erkundigen sich Unschuldige eher selten nach Beweisen.

2. **„Ich lüge nicht, ich lüge nie, ich hasse es zu lügen…ich schwöre bei Gott, beim Grab meines Vaters etc., dass ich die Wahrheit sage."**
   - Subtext: Ich bin eine ehrliche Person. (Naja, kaum mehr Subtext …)
   - Bewertung: Das Überbetonen der eigenen Ehrlichkeit ist verdächtig. Zeugen, die die Wahrheit sagen, halten dieses Beteuern für unnötig. Lügner hingegen sind in ihrem Leben mit der Beteuerung, die Wahrheit zu sagen, meist schon öfter durchgekommen.

3. „Ich kann diese Tat gar nicht begangen haben, weil…"
   – Subtext: Ich bin schlauer als du und werde dich überzeugen, dass ich nicht der Täter sein kann.
   – Bewertung: Es ist unwahrscheinlich, dass ein Verdächtiger, der die Tat gar nicht begangen haben kann, vernommen wird. Meist besteht zumindest eine theoretische Möglichkeit. Unschuldige Verdächtige geben meist zu, dass sie die Tat hätten begehen können, dass sie es aber aus bestimmten Gründen nicht waren.

4. „Wollen Sie behaupten, dass ich ein Lügner bin, Sie… (Beleidigung)"
   – Subtext: Angriff ist die beste Verteidigung, ich habe keine Angst vor dir. Außerdem versuche ich die Befragung zu eskalieren, um dann später einen Grund zu haben, nicht mehr zu kooperieren bzw. gar nichts mehr zu sagen.
   – Bewertung: Unschuldige Verdächtige sind meist kooperativ und versuchen dabei zu helfen, den Verdacht gegen sie auszuräumen. Drohungen sollen den Ermittler einschüchtern oder die Befragung stören.

5. „Diese Frage habe ich schon gegenüber Ihren Kollegen beantwortet."
   – Subtext: Fragen Sie nicht noch einmal nach, ich will darüber nicht reden. Wahrscheinlich vergessen Sie sowieso, bei Ihren Kollegen nachzufragen. Zumindest gewinne ich Zeit, mir eine bessere Antwort zu überlegen.
   – Bewertung: Oft stimmt die Behauptung nicht. Selbst wenn die Aussage richtig ist, ist es keine große Mühe, sie noch einmal zu wiederholen.

6. „Warum sollte ich lügen?" oder „Das wäre doch sehr dumm von mir."
   – Subtext: Ich versuche mit einer Gegenfrage die Initiative zu übernehmen, und dabei mehr herauszufinden, was die andere Seite über meine Motive weiß.

– Bewertung: Warum sollten Menschen lügen? Um den Job zu behalten, um einen finanziellen Vorteil zu erhalten, um jemanden zu decken…es gibt hunderte Gründe. Und manchmal machen Menschen einfach dumme Sachen.

7. **„Erklären Sie mir bitte genau, was Sie mit dieser Frage meinen…"**

– Subtext: Ich versuche Zeit und Informationen zu gewinnen.
– Bewertung: Wir stellen die Fragen. Soweit die Frage klar ist und keiner ausführlichen Erläuterung bedarf, muss ein Ermittler auf diese Verzögerungstaktik nicht eingehen.

8. **„Dann nehme ich diesen Teil der Aussage zurück…"**

– Subtext: Du hast mich bei einem Widerspruch ertappt, und mir fällt spontan keine Rechtfertigung ein, wie ich die Aussage aufrechterhalten kann.
– Bewertung: Ziemlich verdächtig!

11.1 Merksätze aus Teil 2

- Gerichte unterscheiden zwischen der Glaubwürdigkeit einer Person und der Glaubhaftigkeit einer Aussage
- Auch Personen in sozial höheren Positionen können lügen. Oft haben sie sogar ein starkes Motiv für eine Lüge in kritischen Situationen.
- Soziopathen lügen sehr erfolgreich. Sie geben fast nie Geständnisse ab.
- Neben Soziopathen lügen häufig Menschen mit einer Borderline-Störung, manchmal sogar, ohne dass ein klares Motiv dafür vorliegt.
- Während eines freien Berichts sind Lügen sehr selten.
- Fragen Sie den vergesslichen Zeugen, ob er bestimmte Ereignisse oder Handlungen ausschließen kann.
- Verschiedene Formen von Lügen sind

- das Erzählen eines Lügenmärchens,
- die missverständliche Andeutung,
- das Verschweigen sowie
- das Eröffnen eines Nebenschauplatzes.

- Haken Sie bei Andeutungen nach!
- Tatsächlich Erlebtes hinterlässt stärkere Gedächtnisspuren als ausgedachte Geschichten.
- Lügen ist kognitive Schwerstleistung. Lügner wirken deshalb oft so, als würden sie gerade stark nachdenken.
- Achten Sie bei der Körpersprache auf ein Abweichen von der „baseline", also dem Verhalten während eines freien Berichts.
- Niemand lügt ohne Motiv.
- Aussagen über tatsächlich Erlebtes unterscheiden sich durch qualitative Merkmale von Aussagen über ausgedachte Erlebnisse (Vergleich: die Undeutsch-Hypothese in Kap. 10).
- Glaubhaftigkeitsmerkmale sind Detailreichtum, Strukturgleichheit, Nichtsteuerung und Konstanz.
- Lügen ist erlernbar, aber eine „perfekte Lüge" wohl schier unmöglich.

Literatur

Bindig, D (2013) Der Verhör-Spezialist, Knaur Taschenbuch, München
Knellwolf, T (2011) Die Akte Kachelmann, orell füssli Verlag AG, Zürich
Louis, C. (2017). Die Hatz gegen die Traumatologen. Emma, 25. Oktober 2017
Schwarzer, A. (2016). Die katastrophalen Folgen des Falles K. *Emma*, 10. Oktober 2016
Vrij, A (2008) Detecting Lies and Deceit (2. Auflage), John Wiley&Sons, Hoboken, USA

Teil III
Wahrnehmung, Erinnerung und Irrtum

12
Warum Irrtümer menschlich sind

Bei meinen Vernehmungen habe ich nur recht selten erlebt, dass Befragte ihre Aussagen komplett erfunden haben. Viele wissen instinktiv, dass es schwierig ist, mit einer Lüge durchzukommen. Dies bedeutet jedoch nicht, dass ihre Aussagen deshalb immer vertrauenswürdig waren. Manchmal lassen Vernommene Teile des Geschehens weg, oft irren sie sich auch. Irrtümer haben theoretisch denselben Effekt wie Lügen, denn der Zeuge gibt eine objektiv falsche Auskunft. Dennoch sind Irrtümer keine Lügen, da der Zeuge nicht vorsätzlich handelt, sondern nach bestem Wissen und Gewissen. Er glaubt selbst, die Wahrheit zu sagen. Wenn sich zwei Gesprächspartner bei einer Tatsachenfrage widersprechen, bedeutet dies deshalb nicht, dass einer von beiden lügt.

Gelegentlich ist es kaum möglich zu unterscheiden, ob ein Zeuge vorsätzlich falsch aussagt oder es versehentlich passiert. Ein Lügner will nicht die Wahrheit sagen, der irrende Zeuge kann es nicht. Irrtümer sind oft schwerer zu erkennen als Lügen. Wie wir Teil 3 gesehen haben, haben Lügner gewöhnlich Motive und es gibt Glaubhaftigkeitsmerkmale, die für eine wahre Angabe sprechen sowie Warnsignale für falsche Angaben. Bei einem Irrtum weist die Aussage oft viele

Glaubhaftigkeitsmerkmale und keine Warnhinweise auf, da dem Befragten eben nicht bewusst ist, dass er ein falsches Zeugnis ablegt. Selbst einen Lügendetektortest würde ein irrender Zeuge ohne Weiteres bestehen.

Vor Gericht gilt, dass fehlerfreie Aussagen eher die Ausnahme als die Regel sind. Dennoch müssen Gerichte Zeugenaussagen zur Urteilsfindung nutzen. Denn der sogenannte Personalbeweis ist das wichtigste Beweismittel, oft ist es sogar das einzige. Wenn Ermittler mögliche Fehlerquellen kennen, können sie allerdings irrtumsbehaftete Passsagen von einer ansonsten glaubhaften Zeugenaussage unterscheiden.

Es gibt drei Hauptursachen, warum Zeugen einem Irrtum aufliegen bzw. fälschlicherweise etwas wiedergeben, was so nicht stattgefunden hat:

- Entweder hat der Zeuge eine Situation falsch wahrgenommen, zum Beispiel, weil er den Vorfall nicht richtig sehen konnte oder er sich verhört hat.
- Womöglich spielt ihm auch seine Erinnerung einen Streich.
- Schließlich haben Zeugen manchmal Probleme, ihre Erinnerungen exakt wiederzugeben, wenn sie sie anderen Personen mitteilen.

13
Die Wahrnehmung

„Out of the dark, into the light..." Ob der Sänger dieser Zeilen, der legendäre Falco, ein guter Zeuge gewesen wäre?

Wir nehmen unsere Umwelt über fünf Sinne wahr: Hören, Sehen, Riechen, Tasten und Schmecken. Für eine Befragung sind insbesondere Hören und Sehen wichtig. Wir fragen einen anderen, was er erlebt hat, was er dabei gehört und gesehen hat, wobei Sehen natürlich auch umfasst, was er gelesen hat.

Riechen, Tasten, Schmecken
Die anderen Sinne – riechen, tasten und schmecken – spielen eher in Ausnahmefällen eine Rolle: So werden beispielsweise bei Ermittlungen zu Vergiftungen die Opfer regelmäßig gefragt, was sie geschmeckt haben, als sie das vergiftete Lebensmittel zu sich nahmen. Allerdings unterscheiden sich die Antworten auf diese Frage je nach befragter Person und sind so ungenau, dass sie meist unbrauchbar sind (Bender et al. 2021). Zeugen haben gewöhnlich schlechte Erinnerungen oder machen, mit wenigen Ausnahmen, ungenaue Angaben zu Gerüchen, Geschmäckern oder auch dazu, wie sich eine Sache angefühlt hat. Dennoch habe ich immer wieder versucht, Zeugen auch nach diesen drei

Sinneseindrücken zu befragen. Der Geschmack eines Geschäftsessens oder der Geruch in einem fremden Büro des Geschäftspartners waren uns zwar relativ egal – ob es dort nach Zitrone, Mottenkugeln oder Pizza roch, spielt keine Rolle – aber diese Details können weitere Erinnerungen wachrufen, denn Erinnerungen hängen zusammen. Ich frage jemanden nach einem Sinneseindruck, weil ich hoffe, dass damit andere Erinnerungen zurückkommen. Falls sich ein Zeuge an den Geschmack eines Geschäftsessens erinnert, kriegen Sie so vielleicht heraus, neben wem ein Zeuge beim besagten Geschäftsessen gesessen und worüber er mit ihm gesprochen hat. Aussagen wie

- „Es war sehr unaufgeräumt, überall lagen Papierstapel, ich glaube, es stand auch ein Pizzakarton auf dem Schreibtisch. Der roch ziemlich übel. Ich glaube, da hatte seit Tagen niemand mehr sauber gemacht." oder
- „Mir schmeckte das Geschäftsessen sehr gut, insbesondere der Nachtisch war super."

sind keine Aussagen, die einem Fall eine neue Wendung geben. Aber vielleicht erinnert sich der Zeuge gleichzeitig an den Inhalt des Gesprächs beim Nachtisch oder einem Zeugen fällt beispielsweise ein, dass neben dem Pizzakarton ein noch nicht unterzeichneter Vertragsentwurf lag.

Hören und Sehen

Kommen wir zu den primär relevanten Sinneseindrücken, dem Hören und dem Sehen. Beide Sinneseindrücke sind grundsätzlich zuverlässig. Beim Hören ist zu unterscheiden zwischen dem Inhalt des Gehörten, dazu später, und der Frage, wer etwas gesagt hat oder woher ein Ton kam. Testpersonen können die Stimmen von Bekannten mit hoher Wahrscheinlichkeit identifizieren, sich an Stimmen von Unbekannten jedoch nur rudimentär erinnern. Bei Tests kommt es häufig zu Verwechslungen. Weniger gut sind Zeugen darin festzustellen, woher ein Ton kam. Spielt man ihnen einen Ton vor und fragt dann, aus welcher Richtung dieser kam, schneiden die befragten Zeugen nicht viel besser ab als Personen, die schlicht raten (Bender et al. 2021).

Die meisten Menschen sehen von Natur aus gut oder tragen Kontaktlinsen bzw. eine Brille, durch die sie gut sehen können. Sie können mit hoher Präzision sagen, ob sie eine Person schon einmal getroffen haben. Doch Sehen benötigt Zeit. Wir sehen Dinge nicht komplett, wenn sie sehr schnell stattfinden. Wer etwas nur einen Bruchteil einer Sekunde beobachtet hat, kann für gewöhnlich nicht ausführlich über das Geschehen berichten. Tut er dies dennoch, beispielsweise als Zeuge eines Verkehrsunfalls, besteht die Gefahr, dass dieser Zeuge wenig wirklich gesehen hat und den Rest unbewusst mit eigenen Erfahrungen oder Bildern aus Filmen ergänzt. Der Jurist kennt den sogenannten „Knallzeugen": Das ist eine Person, die einen Unfall nicht gesehen, sondern nur den Knall des Zusammenpralls gehört und sich daraufhin zum Geschehen umgedreht hat. Dennoch berichten manche dieser Zeugen ausführlich über das Unfallgeschehen, da sie sich einbilden, alles genau beobachtet zu haben.

Außerdem gibt es Einschränkungen beim Sehen. Wer vom Hellen ins Dunkle geht – beispielsweise an einem sonnigen Tag von draußen in ein Kino – braucht einige Zeit, bis sich seine Augen an die neue Umgebung angepasst haben. Je älter eine Person ist, desto länger dauert diese Adaption. Wenn jemand dagegen aus dem Dunkeln ins Helle kommt, zum Beispiel aus einem dunklen Tunnel in den Sonnenschein, brauchen seine Augen nur einige Sekunden, um den Blick zu klären. Falco, der in seinem Song „out of the dark" und „into the light" kommt, wäre also grundsätzlich ein geeigneter Augenzeuge, würde der Text nicht weiter lauten: „I give up and close my eyes" – Zeuge entlassen!

Alkohol und Wahrnehmungsfähigkeit
In meinen Kursen frage ich die Teilnehmenden immer, wie zuverlässig ihrer Meinung nach ein Zeuge ist, der zum Erlebniszeitpunkt stark alkoholisiert war. Die meisten schätzen seine Aussage als wenig glaubhaft ein. Forschungsergebnisse sagen etwas anderes: Alkoholisierte Zeugen berichten im Vergleich zu nüchternen Zeugen nicht mehr falsche Details, nur ist die Anzahl der Details, die der alkoholisierte Zeuge berichten kann, wesentlich geringer (Jores et al. 2019). Wenn ein zum Tatzeitpunkt alkoholisierter Zeuge etwas berichtet, so können wir dies als gleichermaßen glaubhaft ansehen wie die Aussage einer nüchternen Zeugin. Nur sollten wir eben nicht auf allzu viele Einzelheiten hoffen.

Betrunkene gestehen nicht leichter als nüchterne Personen, sie offenbaren auch nicht mehr belastende Tatsachen. „In vino veritas" – im Wein liegt die Wahrheit – gilt wohl eher, wenn ein Betrunkener einer anderen Person die Meinung geigen will, als wenn er eigenes Fehlverhalten zugeben soll.

Zeugen, denen man statt Alkohol ein Placebo gibt, die also glauben, sie seien ein wenig angetrunken, dabei aber völlig nüchtern sind, erinnern sich sogar besser als Personen, die positiv wissen, dass sie nüchtern sind. Anscheinend strengen sich diese Zeugen mehr an, um den vermeintlichen Alkoholeinfluss zu kompensieren, was sich dann in besseren Ergebnissen niederschlägt.

„Wer schlecht sieht, hört gut."
Die Wahrnehmung eines Menschen ist begrenzt. Jede Sekunde muss das menschliche Gehirn aus hunderten von Sinneseindrücken selektieren. Welche Sinneseindrücke bleiben haften? Dies hängt einerseits von der Art und Intensität eines Sinneseindrucks, andererseits von der Person ab. Je stärker ein Reiz ist, desto eher wird er wahrgenommen. Eine Person, die laut spricht, bleibt stärker im Gedächtnis als jemand, der in normaler Lautstärke vorträgt. Ein Eindruck, der neu ist, bleibt eher in Erinnerung als Bekanntes. Wenn ich zum Beispiel einen Kollegen das erste Mal in einem Anzug sehe, werde ich mich an den Anzug besser erinnern, als wenn der Kollege immer Anzüge trägt. Ein neues Parfüm bemerken wir vielleicht einige Zeit, dann ist unsere Nase schon daran gewöhnt und wir nehmen es weniger wahr.

Nicht jeder Ermittler nimmt die gleichen Dinge wahr. Dinge, die uns emotional betreffen, prägen sich besser ein. Außerdem hängt unsere Wahrnehmung stark von den individuellen Neigungen und Erfahrungen ab. Ein Fußballkenner wird an ein Spiel viel detailliertere Erinnerungen haben als eine Person, die sich nicht wirklich für diesen Sport interessiert. Wenn Sie einen Buchhalter über finanzielle Kennzahlen befragen, so sollte seine Gedächtnisleistung sehr viel besser sein als die eines Mitarbeiters aus der Marketingabteilung. Ich persönlich spiele Schach – es fällt mir leicht, mir in einer Spielsituation die Position aller Figuren auf dem Brett zu merken. Sollte ich dagegen über ein Formel-1-Rennen berichten, das ich gerade mehrere Stunden lang angesehen habe, so würde sich mein Bericht wohl nach wenigen Minuten erschöpfen, da ich keinerlei Ahnung von diesem Sport habe und nur wenig Details hängenbleiben. Auch Vorurteile, Erwartungen und Wünsche eines Zeugen spielen bei der Wahrnehmung eine wichtige Rolle. Beispielsweise interpretieren Verliebte oftmals jede Bewegung und jede Geste des geliebten Menschen in eine Richtung, die wenig objektiv ist.

Zwei Effekte möchte ich an dieser Stelle zusätzlich hervorheben: den Pygmalioneffekt und den Halo-Effekt. Der Pygmalioneffekt wurde nach dem Theaterstück Pygmalion von Bernhard Shaw benannt, in dem ein junges Mädchen mit Namen Eliza versucht, es einem Professor namens Higgins recht zu machen, der ihr dabei hilft, Teil der vornehmen Gesellschaft Englands zu werden. Ähnlich wie Eliza versuchen Zeugen, es Ermittlern recht zu machen, indem sie aussagen, was ihrer Meinung nach von ihnen erwartet wird. Ich habe diesen Effekt bei Zeugen erlebt, die sich alle Mühe gaben, kooperativ zusammenzuarbeiten und möglichst viele Details aufzudecken. Manchmal ging ihre Mühe zu weit, denn dort, wo sie nicht alle Details kannten, spekulierten sie. Oft war es dem bemühten Zeugen nicht einmal bewusst, dass seine Spekulationen der Unwahrheit entsprachen. Ein guter Ermittler muss einen Zeugen deshalb immer wieder fragen, ob er die Geschehnisse wirklich selbst so beobachtet hat.

Den zweiten Effekt, den Halo- oder Hofeffekt, habe ich bereits in Kap. 5 und 8 kurz angesprochen: Ein Zeuge lässt sich von einer herausstechenden Eigenschaft einer Person blenden und schließt basierend auf dieser Eigenschaft auf andere Tatsachen, von denen er eigentlich gar nichts weiß. So kann ein Zeuge beispielsweise aus der eleganten Kleidung und dem selbstbewussten Auftreten einer Person darauf schließen, dass diese Person Entscheidungsbefugnis im Unternehmen hat. Der Ermittler muss deshalb regelmäßig von sich aus nachfragen und dann strikt unterscheiden, was der Zeuge beobachtet und was er aufgrund einer herausstechenden Eigenschaft der beobachteten Person gefolgert hat.

Literatur

Bender R/Häcker R/Schwarz V (2021) Tatsachenfeststellung vor Gericht (5. Auflage), C.H.Beck, München

Jores/Colloff/Kloft/Smailes/Flowe (2019) A meta-analysis of the effects of acute alcoholic intoxication of witness recall, Applied Cognitive Psychology 33 (2019), 334

14
Probleme mit der Erinnerung

Ich hatte in Abschn. 10.4 von einem meiner längsten Fälle beim Bundeskartellamt berichtet. Im Rahmen der Verhandlungen mussten einige Zeugen immer wieder von Meetings berichten, die mehr als 20 Jahre in der Vergangenheit lagen. Selbst für jemanden mit einem außergewöhnlich guten Gedächtnis ist das kompliziert! Wie weiter oben erwähnt, verwechselte einer der Hauptbelastungszeugen, Herr Gold, ein gestandener und äußerst zuverlässiger Manager eines Großunternehmens, in einer der Verhandlungen, wer an welchem Treffen teilgenommen hatte.

Versuchen Sie einmal, sich an ein weit zurückliegendes Ereignis zu erinnern, beispielsweise an die Feier Ihres 18. Geburtstags. Wie würden Sie abschneiden, wenn Sie davon vor Gericht berichten müssten? Oder hatten Sie in Ihrem Leben schon einmal ein traumatisches Erlebnis? Wurden Sie beraubt oder körperlich angegriffen? Ist einer Ihrer Liebsten plötzlich verstorben? Waren Sie oder jemand aus Ihrer Familie Teil eines schlimmen Unfalls? Man schätzt, dass 50 % der Menschen in ihrem Leben zumindest einen traumatischen Vorfall erlebt haben. Vielleicht gehören Sie auch dazu. Wenn Sie es probieren möchten, versuchen Sie, sich an diesen Vorfall zu erinnern. Welche Personen waren anwesend? Wer hat was gesagt? Was haben Sie gefühlt? Wie war das Wetter an diesem Tag? Wo standen oder saßen beteiligte Personen? Welche Kleidung trugen Sie? Wahrscheinlich können Sie die meisten dieser Fragen beantworten. Wenn ich in meinen Kursen nach einem traumatischen Erlebnis frage, dann können sich Freiwillige mit erstaunlicher Klarheit sowohl an das Kerngeschehen als auch an unwichtige Details erinnern. Ein Teilnehmer berichtete ausführlich und in beeindruckender Detailtiefe von einem Tauchunfall, bei dem er beinahe ums Leben gekommen wäre. Ein anderer davon, Opfer eines Überfalls geworden zu sein. Menschen haben oft gute Erinnerungen an traumatische Ereignisse, ebenso wie sie gewöhnlich auch gute Erinnerungen an sehr positive Erlebnisse haben, wie zum Beispiel den 18. Geburtstag oder den Tag der Hochzeit.

Diese Erkenntnis ist wichtig. Sie ist insbesondere deshalb wichtig, weil Lügner immer wieder behaupten, sie hätten unter Schock gestanden, und könnten sich deshalb an ein Ereignis kaum erinnern. Claudia D., die Hauptbelastungszeugin gegen Jörg Kachelmann, konnte regelmäßig Fragen sowohl zum Kerngeschehen der angeblichen Vergewaltigung als auch zu Details nicht beantworten. Ihre Begründung hierfür war, dass sie unter Schock gestanden habe. Die Glaubhaftigkeit dieser Begründung ist höchst zweifelhaft. Es ist ein weit verbreitetes Vorurteil – sowohl in Hollywood-Filmen wie auch in der allgemeinen Bevölkerung – dass das Gedächtnis in schwierigen Situationen nicht funktioniere. Das Gegenteil ist der Fall. Herr Gold konnte sich im oben geschilderten Fall auch nach vielen Jahren noch sehr gut an das Kerngeschehen der Kartelltreffen erinnern – und dabei ist ein Kartelltreffen sicherlich weit weniger intensiv als ein traumatisches Erlebnis. Soweit Opfer keinen Hirnschaden wie eine retrograde Amnesie durch einen Schlag auf den Kopf z. B. bei einem Verkehrsunfall erleiden, ist das Erinnerungsvermögen nach traumatischen Erlebnissen häufig sogar intensiver. Es können mehr Details konstant und über einen langen Zeitraum berichtet werden. Professor Max Steller hält dazu fest: „Traumatisierte Menschen wissen in der Regel, wodurch sie traumatisiert wurden. Und wenn man eine geeignete Gesprächssituation schafft, können sie auch darüber sprechen." (Steller 2015).

Eine andere Frage ist, wie lange eine einmal gespeicherte Erinnerung erhalten bleibt. Grundsätzlich lassen sich das Ultra-Kurzzeitgedächtnis oder auch das sensorische Gedächtnis, das Kurzzeitgedächtnis und das Langzeitgedächtnis unterscheiden. Das sensorische Gedächtnis hält Sinneseindrücke für wenige Millisekunden fest. Erinnerungen im Kurzzeitgedächtnis bleiben etwa 10 bis 30 s lang erhalten wie beispielsweise die Zahlen einer Telefonnummer, die uns jemand diktiert. Schon wenige Sekunden später haben wir keinerlei Erinnerung mehr an diese Zahlen, sie sind unwiderruflich gelöscht. Erst, wenn eine Erinnerung ins Langzeitgedächtnis übergeht, bleibt sie uns erhalten. Dies geschieht nach etwa zehn Minuten. Dabei gilt die Daumenregel, dass das Gedächtnis nur speichert, was sich aus unserer Sicht lohnt, behalten zu werden. Weiterhin wird unterschieden zwischen dem episodischen Gedächtnis, das heißt Erinnerungen an Episoden, und als Unterfall dem autobiographischen Gedächtnis, also Episoden aus dem eigenen Leben. Darüber hinaus umfasst das Gedächtnis auch das

- prozedurale Gedächtnis, welches beispielsweise die Erinnerung daran beinhaltet, wie man Fahrrad fährt,
- semantische Gedächtnis, das sich auf faktisches Wissen wie den Namen der Hauptstadt Boliviens bezieht, sowie
- prospektive Gedächtnis, welches uns an bevorstehende Aufgaben erinnert.

Einen Ermittler interessiert hauptsächlich das episodische Gedächtnis, also die Erinnerungen an eigene oder beobachtete Geschehnisse.

Das Langzeitgedächtnis hat keine Kapazitätsgrenze (Konrad 2016). Ein alter Spruch fauler Schüler, dass man für jede Sache, die man lernt, auch wieder etwas vergisst und sich das Lernen deshalb nicht lohnt, stimmt also nicht. Diese Ausrede ist vergleichbar mit der ebenfalls unzutreffenden Behauptung, dass Sport zwar das Leben verlängert, die zusätzliche Lebenszeit aber etwa der Zeit entspricht, die für das Training aufzuwenden sei. Manche Wissenschaftler behaupten sogar, dass Informationen aus dem Langzeitgedächtnis niemals verloren gehen mit der Zeit nur schwerer abrufbar sind.

Studien zeigen, dass intelligente Menschen für gewöhnlich ein gutes Langzeitgedächtnis haben (Konrad 2016). Die meisten Vorstände und andere Führungspersönlichkeiten sind nicht zufällig auf ihrer Position gelandet, sondern verfügen neben Fähigkeiten wie Menschenkenntnis, Selbstvermarktung und Disziplin meist auch über Intelligenz. In diesen Fällen können Sie also davon ausgehen, dass Ihr Gegenüber ein gutes Gedächtnis haben sollte. Umgekehrt gilt dies allerdings nicht. Es gibt ausreichend Menschen mit gutem Langzeitgedächtnis, die dennoch nicht sonderlich klug sind.

Gespeicherte Informationen können aber auch falsch sein. Das menschliche Gedächtnis ist keine Festplatte, auf der Informationen exakt wie ein Video abgespeichert werden (Konrad 2016, 2022). Vielmehr werden in Nervenzellen und -bahnen Informationen codiert, angepasst und ständig neu interpretiert oder assoziiert. Die Professorin Elizabeth Loftus studierte falsche Erinnerungen schon in den 1980er Jahren und stellte fest, dass diese verbreitet sind und sehr detailliert und lebendig sein können (Loftus 1996). Julia Shaw, eine Rechtspsychologin, schrieb mit „Das Trügerische Gedächtnis" ein spannendes Buch, das im Klappentext mit dem Satz wirbt: „Die Frage ist nicht, ob eine Erinnerung falsch ist, sondern wie falsch sie ist." Shaw beschreibt in ihrem Buch, wie falsche Erinnerungen „gepflanzt" werden können, sodass Menschen denken, ein tatsächlich nie erfolgtes Geschehen miterlebt zu haben. Sie schildert beispielsweise einen Versuch, bei dem Probanden davon überzeugt wurden, als Kind eine Straftat begangen zu haben. Diese Erinnerung verstärkt Shaw mit verschieden Visualisierungsübungen, wonach ein Großteil der Befragten irgendwann glaubt, sich tatsächlich an das Ereignis erinnern zu können (Shaw 2018).

Auch wenn Julia Shaws Schilderungen sehr spannend sind, sehe ich diese Ausführungen eher kritisch und kann sie auf Basis meiner Erfahrungen als Ermittler kaum bestätigen. Ich habe noch nie erlebt, dass ein unbeteiligter Zeuge sich fälschlich erinnerte, an einem Kartell teilgenommen oder eine illegale Abmachung getroffen zu haben. Ich habe auch bei meinen Befragungen von Marktteilnehmern zu einzelnen Märkten wie dem Pharma- oder Gasmarkt nie erlebt, dass sich jemand an wichtige Entwicklungen felsenfest zu erinnern glaubte, die so nie stattgefunden haben. Der ungünstigste Fall war, dass verschiedene Treffen miteinander verwechselt wurden oder dass eine Person zu einem Treffen hinzugedichtet wurde, obwohl sie bei einer anderen

Veranstaltung zugegen war. Es gibt sicherlich das Phänomen falscher Erinnerungen, doch kommt es meiner Meinung nach selten und eher in Experimenten unter künstlichen Laborbedingungen vor. Aufgrund der Faszination, die von diesem Phänomen ausgeht, erhalten derartige Experimente im Verhältnis zur praktischen Relevanz unverhältnismäßig viel Aufmerksamkeit in der Öffentlichkeit.

Sogenannte Scheinerinnerungen spielten in der Praxis allerdings eine gewisse Rolle im Rahmen der Untersuchung von Sexualdelikten. Dabei glauben Kinder oder auch erwachsene Personen, sich im Rahmen einer Therapie an verdrängte Ereignisse bei einem Missbrauch zu erinnern, obwohl dieser Missbrauch nachweislich nie stattgefunden haben kann. Oft können sehr junge Kinder nicht zwischen Tatsachen und Vorstellungen unterscheiden und sind offen für Manipulationen. Ein tragisches Ereignis hierzu waren die sogenannten Wormser Prozesse. Bei diesen Prozessen wurden insgesamt 25 Personen vor dem Landgericht Mainz wegen massenhaften Kindesmissbrauchs im Rahmen eines Pornoringes angeklagt. Eine Mitarbeiterin des Wormser Kindesschutzverbandes Wildwasser, Arbeitsgemeinschaft gegen sexuellen Missbrauch an Mädchen e. V., hatte vorher kleine Kinder befragt, ob diese sexuell missbraucht wurden. Obwohl die Kinder allesamt zunächst keinerlei Erinnerung an einen solchen Missbrauch hatten, konnte die Mitarbeiterin mithilfe von Visualisierungstechniken den Kindern „helfen", ihre Erinnerungen „wiederzuentdecken". Das Gericht stellte allerdings später fest, dass die von den Kindern gemachten Aussagen allesamt falsch waren und die beschriebenen Erinnerungen der Zeugen lediglich durch die unprofessionellen Befragungstechniken der Ermittler suggeriert worden waren. Alle Angeklagten wurden daraufhin freigesprochen. Dabei konnte die Justiz den aussagenden Kindern nicht einmal vorwerfen, dass sie gelogen hätten, denn sie glaubten ja selbst, dass ihre Aussagen wahr waren. Der Prozess hatte dennoch verheerende Folgen, sowohl für die fälschlich Angeklagten wie auch für die Kinder. Einige der Angeklagten verbrachten über 21 Monate in Untersuchungshaft, eine Großmutter verstarb dort. Dass die berufliche Karriere nach einer, wenn auch falschen, Anschuldigung wegen Kindesmissbrauch vorbei ist, muss ich wohl nicht extra ausführen. Die angeblich missbrauchten Kinder wurden in ein Heim gegeben, wo einige von ihnen tragischerweise tatsächlich missbraucht wurden (Steller 2015).

Ähnliche Fälle gab es im sogenannten Montessori-Prozess sowie im Fall Pascal, in dem 13 Menschen wegen angeblichen Missbrauchs und Mord an einem Fünfjährigen angeklagt und dann freigesprochen wurden, da es sich nach Ansicht des Gerichts bei den Aussagen des Hauptbelastungszeugen um fremdindizierte Pseudoerinnerungen handelte (Steller 2015). Es gibt auch Fälle von Erwachsenen, die sich unter falscher Anleitung von Therapeuten an frühkindlichen Missbrauch „erinnern", wobei sich die Erinnerungen als falsch bzw. objektiv unmöglich herausstellen.

Inzwischen gilt es als wissenschaftlich belegt, dass Kindern wie auch leicht beeinflussbaren Erwachsenen falsche Erlebnisse eingeredet werden können. Die Psychologie-Professorin Renate Volbert stellte zu Scheinerinnerungen fest, dass sie unter bestimmten Bedingungen entstehen können, nämlich dann, wenn nach konkreten Erinnerungen gesucht wird und dabei insbesondere Imaginations-, Visualisierungstechniken oder Suggestivfragen genutzt wurden, sodass die Erinnerungen erst im Laufe wiederholter Übungen „aufleben". Zudem entstehen Scheinerinnerungen oft bei sehr jungen oder labilen Persönlichkeiten (Volbert 2004).

Für die Befragung im Geschäftsalltag spielen Scheinerinnerungen kaum eine Rolle. Beim Bundeskartellamt beispielsweise befragten wir intelligente, erfolgreiche Manager zu Kartelltreffen, nicht zu versteckten Kindheitserfahrungen. Wir führten auch keine Visualisierungstechniken durch, was unsere Gesprächspartner wohl auch als unangebracht empfunden hätten. Genauso dürfte dies bei Verhandlungen, im Verkaufs- oder Personalgespräch oder während eines Interviews sein. Dennoch: Das Phänomen der falschen Erinnerungen existiert und kann, wie in den genannten Fallbeispielen erläutert, gefährlich sein. Ermittler sollten es also kennen und deshalb so weit, wie es geht, auf Suggestivfragen verzichten. Aussagen von labilen Persönlichkeiten und Kindern gilt es durch weitere Quellen zu überprüfen.

Natürlich irren sich auch intelligente, persönlich gefestigte Erwachsene in Bezug auf Ereignisse, die nicht aus ihrer frühen Kindheit stammen. Dabei sind typische Fehlerquellen

14 Probleme mit der Erinnerung

- das Verblassen der Erinnerung,
- das Ausschmücken,
- die Verschmelzung und die
- positive Färbung des Geschehens.

Je weiter ein Erlebnis zurückliegt, desto weniger kann sich eine Person daran erinnern bzw. umso weniger Details kann die Person dazu nennen. Dabei verblasst das Randgeschehen weit schneller, während sich Zeugen sehr lange und gut an das Kerngeschehen erinnern können. Viele Erinnerungen bleiben im Gehirn codiert. Sehen wir uns beispielsweise alte Fotos an oder besuchen Orte, an denen wir vor langer Zeit einmal waren, leben solche eigentlich vergessenen Erinnerungen wieder auf.

Weiterhin besteht die Gefahr, dass Erinnerungen aus der Vergangenheit miteinander verschmelzen, das heißt, dass eine Vielzahl von ähnlichen Erlebnissen zu einem Ereignis zusammengefasst wird. Interessanterweise werden Zeugen, deren Erinnerungen objektiv gesehen verblasst oder verschmolzen sind, subjektiv sicherer bei dem Bericht ihrer Wahrnehmung aus dieser Zeit. Ein Zeuge kann sich also an weniger erinnern, ist aber überzeugt davon, dass seine Erinnerungen richtig sind.

Bei dem in Abschn. 10.4 genannten Kartellfall musste der Zeuge Gold von Ereignissen berichten, die mehr als 20 Jahre zurücklagen. Dies gelang ihm grundsätzlich gut und er beschrieb selbstbewusst das Kerngeschehen einiger Kartelltreffen. Leider beinhaltete seine Beschreibung Fehler im Randgeschehen. So berichtete Herr Gold von der Anwesenheit eines Vertriebsmitarbeiters eines Konkurrenzunternehmens bei einem bestimmten Treffen, obwohl dieser Vertriebsmitarbeiter nachweislich an diesem Tag nicht anwesend war. Der Vertriebsmitarbeiter hatte keine große Rolle bei den Treffen gespielt und gehörte deshalb ins Randgeschehen. Er war bei einem anderen Treffen anwesend, was Herr Gold verwechselt bzw. wo er die Erinnerung an zwei unterschiedliche Treffen miteinander „verschmolzen" hatte. Ein klassischer Irrtum, insbesondere nach 15 Jahren, der allerdings an der Glaubwürdigkeit von Herrn Gold kaum rütteln konnte.

Ein weiteres Phänomen, das zu Fehlern bei der Erinnerung führt, ist, dass sich Zeugen oder Täter an ihr eigenes Verhalten zu positiv erinnern. Die Erinnerung wird an das positive Selbstbild angepasst und eigenes Fehlverhalten verdrängt. So könnte ein Zeuge beispielsweise „vergessen" zu erwähnen, dass er betrunken war, als er die Beobachtungen machte, weil er fürchtet, dass dies Einfluss auf die Glaubhaftigkeit seiner Aussage haben könnte. Bei einigen meiner Vernehmungen beschrieben sich Teilnehmer eines Kartells überzeugend als reine Mitläufer, die schon immer Vorbehalte gegen das Kartell hatten und nur aus Bequemlichkeit nicht dagegen vorgegangen waren. Die objektiven Beweise sagten etwas anderes.

Der Bundesgerichtshof entschied über nachträgliche Schönfärberei der eigenen Rolle, die oft nicht einmal vorsätzlich, sondern unbewusst erfolgt, in einem extremen Fall mit dem Namen „Fesselungssex" (BGH-Urteil v. 26.05.2004–1 StR 72/04). Die dortige Belastungszeugin behauptete, der Angeklagte, ihr damaliger Lebensgefährte, habe sie gefesselt und vergewaltigt, der Angeklagte behauptete, es sei zu einvernehmlichem sadomasochistischem Sex gekommen. Das Gericht glaubte schließlich dem Angeklagten und sprach diesen aus tatsächlichen Gründen frei. Es bestand die Möglichkeit, dass die Zeugin damals freiwillig zugestimmt hatte, um ihren Partner zu halten, der angeblich zu dieser Zeit schon ein neues Verhältnis mit einer anderen Frau begonnen hatte. Nachdem der Angeklagte sie dann endgültig wegen dieser verlassen habe, habe sich die Zeugin nachträglich schuldig gefühlt und ihre Erinnerung „angepasst". Deshalb glaube sie, tatsächlich vergewaltigt worden zu sein und ihre Aussage sei ein Irrtum, keine Falschaussage.

Literatur

Konrad B (2016) Alles nur in meinem Kopf – Die Geheimnisse unseres Gehirns (2. Auflage 2016), Ariston, München

Konrad B (2022) Mehr Platz im Gehirn, Ariston, München

Loftus, E/ Ketcham K (1994) The Myth of Repressed Memory: False Memories and Allegations of Sexual Abuse. St. Martin's Press, New York, USA

Shaw J (2018) Das trügerische Gedächtnis: Wie unser Gehirn Erinnerungen fälscht, Heyne, München

Steller M (2015) Nichts als die Wahrheit?: Warum jeder unschuldig verurteilt werden kann, Heyne, München

Volbert R (2004) Beurteilung von Aussagen über Traumata: Erinnerungen und ihre psychologische Bewertung, Hogrefe AG, Göttingen

15
Wiedergabe von Erinnerungen

Selbst wenn ein Zeuge ein Ereignis korrekt wahrgenommen und sich die wichtigsten Details auch gemerkt hat, so können dennoch immer Probleme bei der Wiedergabe erfolgen. Dabei kann es sowohl zu Missverständnissen aufseiten des Zeugen wie auch aufseiten des Vernehmers kommen.

Bei einem freien Bericht kommt es manchmal zu Auslassungen, sprich, der Zeuge berichtet nicht alles, was er weiß, sondern nur das, was er für wichtig hält. Meist ist dies keine böse Absicht. Ich habe dies bei Vernehmungen mit Managern häufig erlebt. Sie fassen die wichtigsten Geschehnisse effizient zusammen und halten sich nicht an Details wie der Sitzordnung oder der Farbe des Tischtuches auf. Gewöhnlich haben solche Einzelheiten auch nur wenig Relevanz, manchmal tragen solche Mosaiksteine jedoch zu einer anderen Einschätzung bei. Deshalb kann ein freier Bericht auch nicht für sich allein stehen, sondern muss durch späteres Befragen ergänzt werden.

Ein weiterer Fehler bei der Wiedergabe von Ereignissen ist, dass bemühte Zeugen auf Zwischenfragen verschweigen möchten, dass sie bestimmte Details nicht kennen. Sie wollen mit ihrer Aussage helfen und es ist ihnen dann vielleicht sogar peinlich, wenn sie eine Frage nicht beantworten können. So antworten sie eben, wie sie glauben, dass die Antwort lauten könnte. Hier ist es hilfreich, wenn Ermittler einen Zeugen gleich am Anfang die Erlaubnis zum Nichtwissen erteilen, also einem Zeugen den Druck nehmen, damit dieser frei heraussagt, wenn er sich bei einer Erinnerung unsicher ist, spekuliert oder eine Tatsache möglicherweise nur von Dritten kennt.

Vorsicht ist auch bei Schätzungen geboten. Sogenannte „Erinnerungseinschätzungen" von Zeugen sind notorisch fehleranfällig. Einige Menschen können schlecht schätzen und neigen passenderweise dazu, ihre Fähigkeit zu überschätzen. Fragt man also einen Zeugen, für wie sicher er seine Schätzung hält, so wird der Zeuge meist eine hohe Treffsicherheit vermuten. Aber Schätzungen bleiben Schätzungen, besser als kein Anhaltspunkt, aber eben nicht viel besser.

16
Wiedergabetechniken

"Welche Buchstaben befinden sich im Alphabet zwei vor und zwei nach dem L?"

Für Zeugen, die sich erinnern wollen, aber nicht jedes Detail aus ihrem Gedächtnis herauskramen können, gibt es ein paar Techniken, um die Anzahl der berichteten Details zu erhöhen. Die folgenden Methoden stammen aus dem kognitiven Interview und können nur mit kooperativen Zeugen erfolgreich angewandt werden. Ziel der Wiedergabetechniken ist, dass ein Zeuge seine Geschichte nicht nur abspult, sondern sich aktiv an möglichst viele Details eines Geschehens erinnert. Dabei hilft der Ermittler, indem er möglichst viele Aspekte der äußeren Umgebung sowie zum Befinden des Zeugen abfragt. Erinnerungen hängen zusammen und bei der Kontextualisierung, der Abfrage von, häufig irrelevanten, Details werden möglicherweise andere sachdienliche Erinnerungen wieder wach.

Die erste Möglichkeit ist das Erweitern des Wahrnehmungskontextes. So kann ein Ermittler einen Zeugen nicht nur zu einem Kartelltreffen selbst befragen, sondern auch dazu, mit welchen Verkehrsmitteln er dorthin gelangt ist, wie das Wetter an diesem Tag war und neben wem er saß. Ziel ist, dass die Erinnerung an Begleitumstände zu einer besseren Erinnerung an die Hauptsache führt.

In dieselbe Richtung geht auch die zweite Methode, das Auffordern eines Zeugen, alles, aber auch wirklich alles, woran er sich erinnert, wiederzugeben. Menschen, die nach einem Ereignis befragt werden, erzählen für gewöhnlich eine Zusammenfassung. Im alltäglichen Gespräch wäre es zum Beispiel seltsam, wenn jemand den Freunden von einer Familienfeier berichtet, lange Ausführungen dazu macht, auf welchen Tellern das Essen serviert wurde oder ob ein Onkel dreckige Schuhe trug. Zeugen beschränken sich meist auf Informationen, die sie selbst für wichtig erachten und von denen sie annehmen, dass der Fragende diese Information braucht und noch nicht kennt. Auch unsichere Informationen wie „Ob Tante Erna auch da war, daran kann ich mich wirklich nicht erinnern" werden häufig einfach weggelassen. Wiederum kann ein Vernehmer helfen, indem er dem Zeugen klarmacht, dass er wirklich jedes noch so unwichtig erscheinende Detail berichten soll und sich dabei weder beeilen noch auf das Wichtigste beschränken muss.

Komplizierter ist die dritte Methode, nämlich einen Zeugen zu bitten, das ganze Geschehen noch einmal in vertauschter Reihenfolge zu erzählen. Hat ein Zeuge also beispielsweise chronologisch von der Einführung eines neuen Produktes berichtet, angefangen von der ersten Planung über das Marketing bis zum Produktlaunch, so könnten Sie diesen Zeugen bitten, das Ganze noch einmal in umgedrehter Reihenfolge zu erzählen, diesmal angefangen mit dem neuesten Ereignis und dann langsam zurückgehend bis zur Konzeption des Produktes. Die Methode des Erzählens in anderer Reihenfolge, rückwärts oder auch ohne feste Ordnung, hilft, Unwahrheiten aufzudecken. Denn meist lernen Lügner ihre erfundene Geschichte in chronologischer Reihenfolge auswendig. Genau wie wir beim Alphabet, das wir von vorne bis hinten gelernt haben, Mühe haben, den Buchstaben vor oder nach dem „L" zu nennen, ohne das ganze Alphabet aufzusagen, fällt es Lügnern schwer, ihre Geschichte zu erzählen, ohne die zuvor auswendig gelernten Geschehnisse zu beschreiben. Ehrliche Zeugen hingegen können dies! Wir hatten bereits gesehen, dass fehlendes Steuern einer Erzählung ein Glaubhaftigkeitsmerkmal ist. Wenn Sie also ihren Gesprächspartner dazu bringen können, von Erlebnissen in anderer Reihenfolge zu berichten, so führt dies beim ehrlichen Gesprächspartner zu einer detailreicheren Erinnerung sowie dazu, dass Sie die Glaubhaftigkeit einer Aussage besser einschätzen können.

Die vierte Methode, den Zeugen zu bitten, die Perspektive einer anderen Person einzunehmen, ist noch weitreichender, da sie ihm ermöglicht, die Situation aus einem neuen Blickwinkel zu betrachten und sich so möglicherweise an neue Details zu erinnern. Auch hier bringen Sie den Vernommenen aus seinem gedanklichen Trott und zum aktiven Nachdenken. Es gibt jedoch den Nachteil, dass Zeugen so zu spekulativen Aussagen angeregt werden.

Schließlich gilt auch Hypnose als mögliche Technik zum Zurückrufen von Erinnerungen. Ich selbst halte Hypnose allerdings weniger für eine Wissenschaft. Ihr mag zwar eine gewisse Bedeutung in therapeutischen Behandlungen zukommen, für die Informationsgewinnung ist sie gänzlich ungeeignet. Einige Menschen lassen sich gar nicht hypnotisieren. Es ist wohl auch kaum praktikabel, einem Verhandlungs- oder Gesprächspartner vorzuschlagen, sich hypnotisieren zu lassen. Selbst wenn man Hypnose als objektive Wissenschaft ansieht und sich ein Gesprächspartner hypnotisieren lassen würde, zeigen Studien, dass sich Menschen unter Hypnose an ähnlich viele Ereignisse erinnern wie auch ohne Hypnose. Hypnose hat also keinerlei positiven Effekt auf das Erinnerungsvermögen.

Ich habe, bis auf die Hypnose, alle genannten Methoden ausprobiert – mit wechselndem Erfolg. Alle diese Methoden kosten Zeit, die in der Praxis oft Mangelware ist. Weiterhin hängt der Erfolg einer Befragung auch von der jeweiligen Stellung eines Ermittlers ab. Wenn ein Ermittler einen Zeugen bittet, das Geschehen noch einmal rückwärts oder aus anderer Perspektive zu erzählen, ist dies zwar theoretisch machbar, doch häufig weigern sich Personen, solche „Spielchen" mitzumachen, insbesondere, wenn diese von einem gleichberechtigten Verhandlungspartner oder Interviewer gestellt werden.

Wie immer kommt es auf Ihr Feingefühl an!

16.1 Merksätze des dritten Teiles

- Irrtümer haben denselben Effekt wie Lügen – ein Ermittler erhält eine objektiv falsche Auskunft.
- Irrtümer sind oft schwerer zu erkennen als Lügen.
- Zeugen…
  - können Stimmen von Bekannten gut identifizieren, haben jedoch wenig Erinnerung an die Stimmen von Unbekannten.
  - können nur schlecht bestimmen, woher ein Ton kommt.
  - haben für gewöhnlich einen guten Gesichtssinn.
  - sehen nicht mit Lichtgeschwindigkeit, also übersehen manchmal Dinge in hektischen Situationen.
  - können gut sehen, wenn sie aus der Dunkelheit ins Licht kommen, umgekehrt aber nicht.
  - nehmen alkoholisiert weniger Details wahr, die dann aber durchaus glaubhaft sein können.
- Art und Intensität eines Reizes bestimmen die Wahrnehmung, ebenso wie die individuellen Neigungen und Erfahrungen.
- Vorurteile, Erwartungen und Wünsche können zu einer verzerrten Wahrnehmung führen. Dabei spielen der Pygmalioneffekt sowie der Halo-Effekt eine Rolle.
- Traumatische Erlebnisse prägen sich für gewöhnlich sehr gut ein.
- Intelligente Menschen haben meist auch ein gutes Gedächtnis.
- **Durch Suggestion oder andere Methoden können insbesondere bei Kindern und leicht beeinflussbaren Persönlichkeiten falsche Erinnerungen entstehen.**
- Erinnerungen aus der Vergangenheit können verblassen oder verschmelzen. Häufig beschönigen Zeugen ihre eigenen Handlungen in der Vergangenheit.
- Zeugen, deren Erinnerungen verblassen oder verschmelzen, werden oft subjektiv sicherer beim Berichten ihrer Wahrnehmung.
- Schätzungen sind notorisch fehleranfällig.
- Erinnerungstechniken sind

- die Erweiterung des Wahrnehmungskontextes,
- die Aufforderung, auch unwichtige Details zu berichten,
- das Erzählen der Geschehnisse in umgekehrter Reihenfolge sowie
- der Bericht aus einer anderen Perspektive.

Teil IV
Das Vernehmungsmodell

Im letzten Teil dieses Buches stelle ich Ihnen mein eigens entwickeltes Befragungsmodell vor, das Sie zum Gewinnen von Informationen in Gesprächen, einem Interview oder bei Verhandlungen nutzen können. Je nach Gesprächssituation lässt es sich individuell anpassen. Das Modell beinhaltet sechs Phasen. Einige davon werden Sie bereits aus dem ersten Teil des Buches, dem Vernehmungsmodell nach der Strafprozessordnung, kennen. Ich werde hier ausführlicher auf die Phasen eingehen. Zudem werde ich auch einen zuvor genannten Beispielfall aus dem ersten Teil des Buches, den Verkauf des Hotels an einen Investor, besprechen. Sie erinnern sich: Eine Erbengemeinschaft wollte ein Hotel samt Grundstück an einen Investor für einen Millionenbetrag verkaufen, doch dieser wollte trotz notariellen Vertrags einfach nicht zahlen, sondern stattdessen neu verhandeln.

17
Phase 1: Vorbereitung

Wenn Sie in eine Befragung oder ein Gespräch gehen, um Informationen zu gewinnen, sollten Sie sich gut vorbereiten. Zunächst sollten Sie die vorliegenden Quellen auswerten und dann festlegen, über welche Informationen Sie bereits verfügen und auf welchen Gebieten noch Bedarf besteht, also was Sie noch herausfinden möchten. Dies klingt wie eine Selbstverständlichkeit und sollte es eigentlich auch sein. Doch leider herrscht in der Praxis oft Zeitmangel, sodass es schwer sein kann, alle vorliegenden Akten, Dossiers und sonstigen Dokumente durchzuarbeiten. Dies führt manchmal dazu, dass Ermittler eigentlich Bekanntes erneut abfragen und Widersprüche zwischen neuen und alten Aussagen oder bekannten Fakten nicht erkennen. Fragen sind dann oft unpräzise oder wirken willkürlich. Wie sagte schon Seneca: „Wer den Hafen nicht kennt, für den ist kein Wind günstig!"

Deshalb sollte ein Ermittler vor jeder Vernehmung eine Frageliste aufstellen. Dabei sollten die Fragen sich nicht nur auf das äußere Geschehen konzentrieren, sondern auch auf die Motive des Vernommenen. Im Hotelfall (Kap. 1) beinhaltete unsere Frageliste zum Beispiel, ob

- der Käufer schon Geld investiert hatte,
- es schon einen Entwurf für den Umbau des Hotels in Wohnungen gab,
- vielleicht schon einige der Wohnungen im Voraus verkauft worden waren,
- er seine anderen Immobilien belastet hatte, um den Kaufpreis zu zahlen,
- die Finanzierung kurz-, mittel- oder langfristig war,
- der Investor vom Zinsanstieg kalt erwischt worden war und schließlich,
- es juristisch haltbare Ansätze gab, um aus dem notariellen, aus unserer Sicht wasserdichten, Vertrag auszusteigen.

Vor allem interessierte uns, ob der Käufer noch Kredit bei der Bank hatte oder ob ihm eine Insolvenz drohte.

Allgemein dient die Frageliste der Orientierung und ist während eines Gesprächs flexibel anzupassen. „Expect the unknown – rechne mit dem Unbekannten". Wüssten wir schon alles, dann müssten wir keine Befragung durchführen. Bei manchen Gesprächen werden plötzlich Themen auftauchen, an die der Ermittler zunächst gar nicht gedacht hat. Hier müssen Sie offenbleiben, anstatt Ihre Frageliste stur abzuarbeiten. Beim Verkauf des Hotels tauchten beispielsweise plötzlich Probleme des Denkmalschutzes auf, die einen Umbau erschweren konnten.

Journalisten senden Interviewpartnern manchmal ihre Fragen oder zumindest Themengebiete vor dem Gespräch zu. Dies hat Vor- und Nachteile. Der Nachteil ist sicherlich, dass der Journalist vorbereite Antworten erhält, die der Interviewpartner einfach abspult. Dem gilt es mit geschickten Zwischen- und Nachfragen vorzubeugen. Der Vorteil solcher Listen ist hingegen, dass sich der Gesprächspartner auf komplizierte Fragen vorbereiten kann. Auch Menschen mit gutem Gedächtnis haben bei komplizierten Sachverhalten nicht alle Details spontan griffbereit. Ohne Vorbereitung riskiert ein Journalist vage, unvollständige Auskünfte.

Zeigen Sie Befragten, dass Sie gut vorbereitet sind! Dabei können Sie sogar den Eindruck erwecken, etwas mehr zu wissen, als es tatsächlich der Fall ist. Menschen geben meist das zu, was ihr Gesprächspartner ohnehin schon weiß, und bluffen nicht, wenn sie fürchten, dass ihr Bluff auffliegen könnte. Wenn Ihr Gesprächspartner glaubt, Sie wüssten sowieso schon sehr viel, dann wird er auch viel umfangreichere Informationen liefern. Hilfreich sind ein großer Ordner mit Unterlagen oder eine lange Frageliste, deren Umfang, aber nicht deren Inhalt, der Befragte gerne sehen darf. Bei unserem Gespräch mit dem Investor offenbarten wir beispielsweise, dass wir uns über seine anderen Immobilien und deren Belastung informiert hatten. Natürlich gaben uns diese Informationen keine endgültige Sicherheit über seine tatsächliche finanzielle Lage. Zumindest erweckten wir den Eindruck, so viele Informationen über die Zahlungsfähigkeit des Investors zu haben, dass ein „Bluff" bezüglich einer drohenden Insolvenz nicht vielversprechend erschien. Während der Verhandlungen versuchte der Investor oft, uns zu bluffen – über angebliche Baumängel, Probleme bei der Baugenehmigung, angeblichen Denkmalschutz – mit einer möglichen Insolvenz dagegen drohte er nicht.

Wenn ein Vernommener allerdings fragt, was der Ermittler genau weiß, sollte sich dieser bedeckt halten. Gegenüber unseren Kronzeugen beim Bundeskartellamt antwortete ich auf diese Frage, dass wir natürlich schon über viele Informationen verfügten, dem Zeugen aber die Möglichkeit geben wollten, die Dinge völlig unbeeinflusst von sich aus vorzutragen. Bei Verhandlungen fand ich folgenden Satz hilfreich: „Wir haben uns natürlich auch schon ausführlich über die genannte Frage informiert. Wir würden aber gerne ungefiltert hören, wie Sie die Sache sehen!" Und auf die Frage des Investors beim Hotelkauf, ob wir ihn denn ausspioniert hätten, antworteten wir, dass wir natürlich unsere Hausaufgaben gemacht hätten.

Bei Befragungen interviewe ich Zeugen nicht nur zu Themen, bei denen ich Informationsbedarf habe, sondern auch zu solchen, deren Antworten ich bereits kenne. Ein solches Vorgehen soll verhindern, dass der Gesprächspartner von den Fragen auf den Wissensstand des Ermittlers schließen kann. Außerdem kann ich so die Aussagewilligkeit und Wahrheitsliebe meines Gegenübers prüfen.

Neben dem „Was" in der Befragung gilt es auch das „Wer" zu klären. Wer wird befragt? Dies ist bei einem Interview, im Gespräch oder einer Verhandlung einfach, wenn es nur eine Person gibt, von der ein

Ermittler die gewünschten Informationen erhalten kann. Anders ist es bei Kartellfällen oder anderen großen Untersuchungen, bei denen es dutzende Beteiligte und mögliche Täter gibt. Dort jeden und alles zu er- und befragen, möglichst noch in zufälliger Reihenfolge, wäre eine schlechte Strategie. Eine willkürliche Recherche, auch „fishing expedition" genannt, wäre gemäß Strafprozessordnung sogar unzulässig. Für gewöhnlich ist es empfehlenswert, mit der Person zu beginnen, die am ehesten unschuldig ist und am wenigsten zu befürchten hat, die also am ehesten frei reden kann. Also erst die Zeugen, dann die Beschuldigten je nach Verdachtsgrad, um am Ende mit den Hauptverdächtigen zu sprechen. Diese Reihenfolge erlaubt es, im Laufe des Befragungsprozesses immer mehr Informationen zu sammeln, mit denen ein Ermittler dann die mutmaßlichen Täter konfrontieren kann.

Geht es um keine offizielle Vernehmung, sondern um reine Informationsgewinnung – zum Beispiel als Vorbereitung auf eine Verhandlung – so würde ich mit den freundlichsten und offensten Gesprächspartnern beginnen, um mich dann zu den Verschlossenen vorzuarbeiten. Dabei können Sie gegenüber schwierigen Gesprächspartnern ruhig erwähnen, dass Sie sich bereits vorher mit seinen Kollegen unterhalten haben. Der amerikanische Psychologe Robert Cialdini beschreibt in seinem Buch „Influence" den „social proof", was frei mit „Herdentrieb" übersetzt werden kann. Menschen verlassen sich bei der Beurteilung, ob ein Verhalten richtig oder falsch ist, darauf, wie andere Menschen dieses Verhalten bewerten oder wie sie sich verhalten (Cialdini 2023). Wenn also alle Kollegen eines Verhandlungspartners bereits mit Ihnen gesprochen haben, dann muss dies wohl das angebrachte Verhalten sein und auch der Verhandlungspartner kann sich Ihnen öffnen.

Literatur

Cialdini R (2023) INFLUENCE – Wie man (andere) überzeugt, Harper Collins, New York, USA

18

Phase 2: Opening

Ein weiterer Kartellfall: Unterschiedliche Hersteller hatten sich angeblich mehrfach getroffen, unter anderem, um über Preiserhöhungen für ihre Produkte zu sprechen. Ein solcher Informationsaustausch, der es den Beteiligten erlaubt, ihr strategisches Verhalten aufeinander abzustimmen, ist nach Kartellrecht verboten – wenn die Anschuldigung wahr und nachweisbar ist. Mit meinen Kollegen vernahm ich regelmäßig Zeugen und Teilnehmer des Gesprächskreises, darunter auch einen Teilnehmer, der freiwillig aussagen wollte: Herrn Rot, Vertriebschef eines großen Unternehmens. Er wollte uns erklären, warum wir völlig falsch lägen, warum sein Verhalten in der Vergangenheit immer komplett legal gewesen sei. Die Vernehmung sollte um 10 Uhr beginnen, um 9:50 meldete mir die Rezeption, dass Herr Rot eingetroffen war. Ich holte ihn um Punkt 10 Uhr von der Rezeption ab. Wir gingen über den Hof des Bundeskartellamtes zu den Besprechungszimmern, ich erzählte ihm von damaligen Problemen beim Umbau eines der Amtsgebäude, er sprach darüber, dass er solche Probleme von einem privaten Hausbau ebenfalls kannte. Im Besprechungszimmer begrüßten auch meine Kollegen den Vertriebschef. Alle stellten sich vor. Es gab Kaffee, Tee und Plätzchen. Es folgte ein kurzer Small-Talk darüber, dass wir alle die Produkte des Vertriebschefs kannten und schätzten. Dann begann die Vernehmung.

Was ist ein Opening?
Als Opening bezeichne ich die ersten Minuten eines Gesprächs, wenn sich alle Beteiligten persönlich kennenlernen. Bei der offiziellen Vernehmung bezeichnet man diese Phase als Kontaktgespräch. Die Teilnehmer stellen sich vor, man erkundigt sich nach ein, zwei privaten Details und gewinnt einen ersten Eindruck voneinander. Wichtig für ein erstes Treffen ist der Vernehmungs- oder Verhandlungsort. Noch wichtiger ist, dass Sie von Anfang an eine gute Arbeitsstimmung herstellen, indem Sie der anderen Seite wertschätzend begegnen oder auch Gemeinsamkeiten finden. Zeugen geben mehr Informationen und lügen seltener gegenüber Gesprächspartnern, zu denen sie eine Beziehung aufgebaut haben. Seien Sie transparent, erklären Sie dem Befragten, was auf ihn zukommt. Und bleiben Sie locker. Vor allem, wenn die andere Seite nicht mitmacht und unangenehm wird.

Machtkampf am Vernehmungsort?
Das erste Treffen findet am Vernehmungs- oder Verhandlungsort statt. Dies kann ein Besprechungszimmer sein, ein Büro oder auch ein öffentliches Lokal. Der Vernehmungsort sendet eine Botschaft (Schafer und Navarro 2016). Doch wie sollte der ideale Vernehmungsort aussehen? Und sollte man diesen gleich zur Verbesserung der eigenen Position nutzen? Aus meiner Sicht ist beim Vernehmungsort am wichtigsten, dass es keine Möglichkeit gibt, abgelenkt zu werden, und dass die Befragung ruhig sowie ohne Unterbrechungen durchgeführt werden kann. Öffentliche Orte wie ein Restaurant, Starbucks oder gar eine Kneipe scheiden damit aus. Besonders, wenn das Ziel des Gesprächs ein Geständnis ist, ist eine geschützte Atmosphäre erforderlich. Ein Geständnis bei einer offiziellen Vernehmung oder ein großes Zugeständnis bei Verhandlungen fällt niemandem leicht – und in einem lauten Raum mit vielen Anwesenden erst recht nicht!

Der Ort sendet eine Botschaft! Mit dem leeren Besprechungszimmer im Bundeskartellamt vermittelten wir, dass wir es ernst meinten, dass wir sachlich und nüchtern vorgehen würden. Sollten Sie keine Vernehmung, sondern ein Gespräch oder ein Interview führen, schadet es sicherlich nicht, den Besprechungsraum freundlicher zu gestalten. Bücher über Verhandlungen oder Vernehmungen und entsprechende Urkunden an der Wand vermitteln der anderen Seite, dass Sie wissen, was Sie tun.

Einige Ermittler empfehlen, den Vernommenen bewusst etwas warten zu lassen und die eigene Position durch erhöhte Sitzgelegenheiten zu betonen. Ich halte diese Tipps für wenig hilfreich, auch wenn es sicher besondere Situationen dafür geben mag. Aber ein Opening soll ja gerade ein positives Klima schaffen und keine Hierarchien aufbauen. Ich halte es auch für wenig sinnvoll, einen Gesprächspartner zunächst im Unklaren über das Ziel des Gesprächs zu lassen. Besser ist es, gleich zu erklären, was auf ihn zukommt und was das Ziel des Gesprächs ist. Empfehlenswert ist allerdings, von Anfang an mit Autorität und Kompetenz aufzutreten und die Rollen klarzustellen. Wie oben beschrieben habe ich bei Vernehmungen meine Gesprächspartner ohne Wartezeit am Eingang abgeholt, dann in einen Besprechungsraum geführt und über die bevorstehende Befragung belehrt. Die Stühle waren alle auf gleicher Höhe und es hingen weder Bilder noch Urkunden oder Beweismittel an der Wand. Dafür gab es guten Kaffee und Mineralwasser. Ein arroganter, autoritärer oder besonders distanzierter Umgang dient nicht der Wahrheitsfindung, sondern wirkt unprofessionell! Der Zeuge ist nicht austauschbar, der Ermittelnde muss also mit ihm zurechtkommen.

Die Grundeinstellung eines Vernehmers gegenüber dem möglichen Täter

Mit welcher Haltung sollten Sie einem mutmaßlichen Täter gegenübertreten? Dass er schuldig ist und Sie dies nur nachweisen müssen? Damit, dass er unschuldig ist, soweit Sie nichts anderes herausfinden? Oder dass er schuldig oder unschuldig sein kann, weshalb Sie ihn erst einmal möglichst neutral behandeln? Wenn Sie sich jetzt für die dritte Möglichkeit entschieden haben, mögen Sie vielleicht Recht oder Unrecht haben. Die Antwort hängt nämlich von der Vorarbeit und dem Ziel der Vernehmung ab. Wollen Sie Informationen gewinnen, dann wird Ihre Einstellung, dass ein Zeuge sicherlich schuldig ist, hinderlich sein, da der vermeintliche Täter dann gewarnt ist und „zumacht". Unschuldige Vernommene hingegen werden angesichts Ihrer Anschuldigungen verwirrt, verunsichert oder verärgert sein, also kaum bereit bzw. in der Lage, weiter mit Ihnen zu kooperieren. Gehen Sie dagegen davon aus, dass ein Vernommener sowieso unschuldig ist, so fördert dies sicherlich eine freundliche Gesprächsatmosphäre. Nur ist es dann eben schwierig, knifflige Fragen zu stellen, ohne inkongruent zu wirken. Insofern eignet sich eine neutrale Einstellung für die Informationsgewinnung meist am besten. Wollen Sie allerdings ein Geständnis erwirken, werden Sie mit einer neutralen Einstellung nicht weit kommen. Ein Geständnis fällt jedem Täter schwer und ohne ausreichend Druck wird kein Täter gestehen!

Wertschätzung
Zu Beginn einer Vernehmung sollten Sie dem Gesprächspartner Ihre Wertschätzung zeigen. Jeder möchte gemocht werden, am besten so, wie er ist. Es ist wenig hilfreich, der anderen Seite zu vermitteln, dass Sie ihn für einen Angeber, Versager, Besserwisser oder Kriminellen halten. Stattdessen sollten Sie den Gesprächspartner am besten sogar mögen. Und wenn Sie Ihr Gegenüber nicht sympathisch finden? Dann können Sie entweder schauspielern, wenn Sie ausreichend schauspielerisches Talent besitzen. Besser ist es, etwas am anderen zu finden, dass Sie wirklich mögen. Denn, wenn Gesprächspartner den Widerspruch zwischen Ihren Worten und Ihrer Körpersprache bemerken, werden sie vorsichtig. Und wirklich jeder Mensch hat Eigenschaften, die Sie sympathisch finden können. Bei meinen Fällen im Bundeskartellamt konnte ich beispielsweise die Cleverness und das Geschick einiger Befragten schätzen, mit der sie bisher ihre Kartelle organisiert hatten. Die meisten beruflichen Karrieren machten auch Eindruck. Unser Investor beim Hotelkauf hatte einen Vertrag unterschrieben, uns lange hingehalten und verweigerte dann einfach mit fadenscheinigen Argumenten die Zahlung. Es gibt ausreichend Argumente, um solche Menschen nicht zu mögen! Hätte dies etwas gebracht? Nur dann, wenn wir ein Gerichtsverfahren mit völlig verhärteten Fronten hätten führen wollen, bei denen die Parteien nur noch über ihre Anwälte miteinander kommunizierten. Solange wir noch mit dem Investor verhandeln wollten, mussten wir ihm Wertschätzung entgegenbringen und zeigen.

Zuneigung ist reziprok, das heißt, Menschen mögen andere Menschen, von denen sie gemocht werden. Und wer Sie mag, der hilft Ihnen auch eher. Gesprächspartner können viel sagen oder sehr wenig. Ein Zeuge, der Sie mag, wird Ihnen bei der Befragung mehr helfen als ein Zeuge, der möglichst schnell wieder gehen möchte. Bei Verhandlungen gilt, dass wir im Zweifel mit jemandem abschließen, den wir mögen, und falls es keine Zweifel gibt, dann auch. Es scheitern mehr Verhandlungen an einem rauen Umgangston als an den inhaltlichen Forderungen. Deshalb: Behandeln Sie Ihr Gegenüber immer respektvoll!

Gemeinsamkeiten
Wie sorgen Sie in fünf Minuten für Sympathie? Schon Kleinigkeiten helfen, wie beispielsweise den anderen immer mit vollem Namen anzusprechen und positives Verhalten durch Nicken oder ein kurzes Lob anzuerkennen. Daneben haben sich auch folgende Möglichkeiten bewährt:

- Für den ersten Eindruck gibt es nur eine Chance. Treten Sie von Anfang an gut gekleidet, ordentlich und sympathisch auf.
- Lernen Sie den Zeugen kennen, finden Sie Gemeinsamkeiten. Gleich und gleich gesellt sich gerne. Ähnlichkeiten machen sympathisch! Mögliche Berührungspunkte sind beispielsweise die gleiche Heimatregion, eine Vorliebe für denselben Fußballverein oder ein ähnlicher Musikgeschmack.
- Bieten Sie etwas an. Nach dem Prinzip der Reziprozität helfen Menschen gerne Personen, die ihnen geholfen haben. Bei einer Vernehmung oder im Verhandlungszimmer können Sie meist nur Kaffee, Mineralwasser und Kekse anbieten, aber auch dies hat bereits einen Effekt.
- Menschen mögen uns mehr, wenn sie uns vorher einen kleinen Gefallen getan haben, der sogenannte Benjamin-Franklin-Effekt. Klingt widersprüchlich, ist aber wahr und wurde mehrfach in Experimenten nachgewiesen. Menschen wollen sich konsistent und kongruent verhalten. Wenn sie uns einmal geholfen haben, sind sie eher bereit, uns noch einmal zu unterstützen. Deshalb: Fragen Sie ruhig, ob Ihr Gesprächspartner Ihnen zum Beispiel kurz helfen kann, die Stühle umzuräumen, ob er ihnen eine Auskunft über die derzeitige Verkehrslage geben kann oder ob Sie von seinem Schokoriegel abbeißen dürfen – Spaß!

Bei unserem Hotelinvestor war es einfach, Gemeinsamkeiten zu finden. Er war ein typischer Bauspekulant, mit allen Wassern gewaschen und geübt darin, freundlich im Ton und hart in der Sache, unter Nutzung aller möglichen Tricks, zu verhandeln. Für uns bestand kein Grund, die freundliche Atmosphäre durch Anschuldigungen oder negative Wertungen, so wahr sie auch waren, zu belasten.

Ziel des Gespräches
Statt eines Tatvorwurfes nennen Sie in Personal-, Verkaufsgespräch oder einer Verhandlung das Ziel der Unterhaltung. Natürlich müssen Sie den anderen nicht über seine Rechte und Pflichten belehren. Wenn Sie über eine gewisse Machtstellung verfügen, beispielsweise beim Personalgespräch, können Sie allerdings durchaus höflich darauf hinweisen, dass eine unwahre Aussage Konsequenzen haben kann und dass die Richtigkeit aller Angaben anhand weiterer Quellen überprüft wird. Schuldige haben Angst davor, entdeckt zu werden, und Lügen zeigen sich eher, wenn ein Lügner unter Druck steht. Auch den Hotelinvestor wiesen wir wahrheitsgemäß darauf hin, dass wir bereits eine Klage vorbereitet hatten und diese bereits nächste Woche beim Landgericht einreichen könnten, sollten wir uns bei der Verhandlung nicht einigen.

Schwierige Zeugen und Beschuldigte
Und was, wenn Ihr Gegenüber nicht nur ungehobelt ist, sondern auch aggressiv und unkooperativ? Ganz wichtig ist: Vermeiden Sie, das unangenehme Verhalten ihres Gegenübers zu spiegeln, bleiben Sie selber locker. Ein Schrei-Duell führt zu einem Kontrollverlust im Gespräch. Oft möchte eine Seite sogar mit Absicht provozieren, um dann eine Ausrede zu haben, die Aussage zu verweigern oder die Verhandlung abzubrechen. Spielen Sie dieses Spiel nicht mit. Versuchen Sie, Verhalten weder zu bestrafen noch zu belohnen. Bleiben Sie gnadenlos sachlich. Und wenn es gar nicht mehr anders geht, sprechen Sie das Verhalten mit einer Metafrage direkt an: „Sie scheinen sehr zornig zu sein. Bitte erklären Sie mir, warum." Dies kann bereits helfen, denn Zorn verfliegt, wenn erklärt wird, zumindest manchmal. Im Rahmen meiner Kurse zur Verhandlungsführung erkläre ich meinen Studenten, dass Choleriker oder allgemein Menschen, die sich nicht unter Kontrolle haben, zwar

persönlich unangenehm sind, aber auch eine Chance darstellen. Wenn Interviewpartner aggressiv werden, bietet das die Möglichkeit herauszufinden, wo rote Linien verlaufen, persönliche Befindlichkeiten bestehen und an welcher Stelle ein Zeuge vielleicht auch durch Provokation von etwas ablenken möchte. Auch unangenehme Menschen können gute Informationen liefern. Der Hotelinvestor erklärte uns beispielsweise irgendwann erregt, dass die Baumaßnahmen sich wegen der Umbaumaßnahmen und der gestiegenen Zinsen nur noch marginal lohnen würden. Damit kannten wir den Grund für sein Verhalten.

Ich empfehle allerdings nicht, einen Gesprächspartner mit Absicht zu reizen, da eine gute Arbeitsatmosphäre fast immer zu besseren Ergebnissen führt. Aber erschrecken Sie nicht, wenn es doch mal anders kommt.

Literatur

Schafer J/Navarro J (2016) Advanced Interviewing Techniques (3. Auflage), Charles C. Thomas Publisher, Springfield, USA

19

Phase 3 und 4: Regeln für den freien Bericht und die Befragung

Bei der Befragung von Zeugen und Beschuldigten werden Sie regelmäßig den Gegensatz zwischen Schein und Sein erleben. Einmal durchsuchten wir ein DAX-Unternehmen. Wie bei Durchsuchungen üblich, sprachen wir zunächst mit der ranghöchsten anwesenden Person im Unternehmen, in diesem Fall war es ein Bereichsvorstand. Als wir ihm den Durchsuchungsbeschluss übergaben, wirkte er verstört. Er erzählte uns von den zahlreichen Compliance-Maßnahmen seines Konzerns, die eigentlich jedes Fehlverhalten verhindern sollten. Natürlich werde sein Unternehmen komplett mit uns kooperieren und uns helfen, die Vorwürfe vollständig aufzuklären. Der Vorstand wirkte so aufrichtig, so sympathisch und authentisch dabei, dass sowohl ich als auch meine Kollegen ihn gleich als „einen der Guten" einschätzten. Am nächsten Tag erhielten wir von eben diesem Unternehmen einen sogenannten Kronzeugenantrag. Ein Kronzeugenantrag, auch Bonusantrag genannt, bedeutet, dass ein Unternehmen, welches an einem Kartell beteiligt war, die Tat und die Tatumstände im Gegenzug für eine mildere Strafe zugibt. Dies hatte das Unternehmen getan. Entgegen dem so glaubwürdigen Vortrag des Bereichsvorstandes vom Vortag war der Konzern Teil eines illegalen Kartells gewesen. Und jetzt kam die Überraschung: Der Bereichsvorstand persönlich war involviert. Dennoch hatte er uns seine Unschuld und die seines Unternehmens beteuert, und zwar so überzeugend, dass wir ihm alle geglaubt hatten. Nur wusste er eben auch, dass wir Beweismittel sichergestellt hatten und seine Lüge deshalb bald auffliegen würde. Vermutlich hat er sich noch am Abend nach der Durchsuchung mit seinen Rechtsanwälten beraten und festgestellt, dass sein Kartenhaus in kurzer Zeit zusammenfallen würde und weiteres Abstreiten dann zwecklos wäre. Deshalb sei es besser, so schnell wie möglich zu kooperieren und dafür eine Strafmilderung zu erhalten.

Egal, wie glaubwürdig oder authentisch eine Person auftritt, egal, wie ausgefeilt oder logisch ein Schriftstück erscheint, egal, wie hoch die Position eines Vernommenen ist, keine Aussage darf ungeprüft als richtig angesehen werden. Wie in Abschn. 10.6 beschrieben gibt es schlechte, gute und exzellente Lügner. Es gibt Menschen, die können überzeugend und ohne mit der Wimper zu zucken die tollsten Dinge erzählen. Strafrechtlich verurteilte Betrüger zum Beispiel sind oft charismatische, redegewandte Menschen. Auch viele Führungskräfte können erfundene Ereignisse glaubhaft berichten. Es gibt sogar Kurse mit Themen wie „Authentisches Sprechen" oder „Storytelling", die Teilnehmer gezielt darauf trainieren, authentisch zu erscheinen.

Deshalb kann das vielgelobte Bauchgefühl auch trügerisch sein! Mit den im zweiten Teil besprochenen Methoden lassen sich solche Lügen manchmal erkennen, zumindest aber tauchen Warnhinweise auf. Der Hotelinvestor beispielsweise zählte die ganzen Baumängel auf, die wir angeblich verschwiegen hatten. Allerdings war seine Aufzählung eher schemenhaft, das heißt, es wurden die „typischen Baumängel" aufgezählt, ohne viel Details und in auswendig gelernter Reihenfolge. Viele dieser angeblichen Baumängel hatte unser Bausachverständiger vorher untersucht und als nicht vorhanden attestiert, viele waren ausgebessert worden und der Rest war durch vertragliche Klauseln ausgeschlossen. Auch wenn die Erläuterungen des Investors durchaus plausibel und ehrlich klangen – sie waren es nicht!

Zehn Regeln für eine Befragung
Bevor wir mit dem freien Bericht und konkreten Fragen beginnen, möchte ich Ihnen zehn Tipps für die Befragung geben.

19 Phase 3 und 4: Regeln für den freien Bericht und die Befragung

1. **Offene Fragen zuerst.** Stellen Sie zunächst offene, erst danach geschlossene Fragen. Gehen Sie also vom Allgemeinen zum Speziellen. Die gleichen Vorteile wie in einem freien Bericht, insbesondere in Bezug auf den hohen Wahrheitsgehalt, gibt es auch bei offenen Fragen: Der Gesprächspartner zeigt zudem, welche Themen für ihn angenehm sind und welche nicht, indem er sie weglässt. Nach dem freien Bericht können Sie die Befragungen zu einzelnen Themen mit einer sogenannten Trichterfrage einleiten, zum Beispiel: „Beginnen wir mit der Organisation Ihrer Abteilung. Was können Sie uns darüber erzählen?". Mit anschließenden Nachfragen spezifizieren Sie das Thema dann, zum Beispiel: „Sie haben gerade das Genehmigungsverfahren für Anschaffungen über 100.000 EUR erwähnt. Können Sie uns noch einmal erklären, wie dieses Genehmigungsverfahren genau funktioniert?" Oder „Laut Vertrag mussten Sie den Kaufpreis für das Hotel am 30. September überweisen. Könnten Sie uns erklären, warum Sie dies nicht getan haben?"
2. **Stellen Sie immer nur eine Frage auf einmal!** Wenn Sie mehr als eine Frage stellen, wird ein geschickter Befragter sich die einfachste davon heraussuchen und auch nur zu dieser Frage Auskünfte geben. Die anderen Fragen fallen dann unter den Tisch. Politiker sind Profis darin, nur den für sie angenehmen Teil einer Frage zu beantworten. Teils sprechen sie sogar über ein Thema, das gar nicht Teil der Frage war, von dem sie allerdings gerne reden möchten. Lassen Sie dies nicht zu! Stellen Sie eine konkrete Frage. Stellen Sie diese notfalls auch mehrfach, bis Sie darauf eine Antwort erhalten.
3. **Bewahren Sie Ihren Kenntnisstand für sich.** Es gehört zu den goldenen Regeln einer Befragung, die andere Seite darüber im Unklaren zu lassen, was Sie bereits wissen. Deshalb sollten Sie es vermeiden, Ihre Fragen zu rechtfertigen. Ein Satz, wie „Ich stelle diese Frage, weil…", wird Ihre Informationsdefizite offenlegen. Im Zweifel sollten Sie eher den Eindruck hinterlassen, über mehr als das tatsächlich vorhandene Wissen zu verfügen. Stellen Sie auch Fragen, deren Antwort Sie bereits kennen, sogenannte Testfragen. So bleiben Sie unberechenbar. Zudem können Sie mit solchen Testfragen überprüfen, ob und in welchem Umfang ein Befragter bereit ist, die Wahrheit zu sagen. Oder das Gegenteil: Auf unsere Frage nach den

Gründen für seine Zahlungsverweigerung erklärte der Hotelinvestor, dass es Probleme mit der Baugenehmigung gebe. Aufgrund vorheriger Nachfrage beim Bauamt wussten wir aber, dass die Erteilung nur eine Frage der Zeit war und die Verzögerung auf das eigene Verhalten des Investors zurückzuführen war. Wir wussten also, dass der Investor Ausflüchte suchte und es dabei mit der Wahrheit nicht so genau nahm.

4. **Fragen Sie wertfrei.** Manche Vernommene werden Ihnen aus Scham nicht die Wahrheit erzählen. Bei einem Prozess zu einem Sexualdelikt fragte ein Richter einmal ein Mädchen, das von einem Unbekannten in einem PKW vergewaltigt worden war, wie sie denn in das Auto des Vergewaltigers gekommen sei. Das Mädchen antwortete zunächst, dass sie den Angeklagten sympathisch fand und deshalb zu ihm eingestiegen sei. Darauf fragte der Richter, ob sie denn immer so leichtgläubig zu fremden Männern ins Auto steige. Daraufhin berichtigte sich das Mädchen und sagte, der Täter habe sie ins Auto gezerrt. Allerdings gab es Zeugen, die im Laufe des Prozesses aussagten, dass das Mädchen sehr wohl freiwillig in das Auto eingestiegen sei. Der Anwalt des Täters legte daraufhin dar, dass das Mädchen nachweislich gelogen habe und das Gericht deshalb den Wahrheitsgehalt ihrer Aussage über die Vergewaltigung komplett in Zweifel ziehen müsse. Wer einmal lügt ... Sie kennen das! Das Vergewaltigungsopfer sagte eigentlich die Wahrheit und wollte durch die spätere Lüge nur ihre Glaubwürdigkeit hinsichtlich des Hauptgeschehens erhöhen. Der Richter agierte hingegen unprofessionell mit seiner negativ behafteten Frage und provozierte die Lüge geradezu, denn das Opfer schämte sich für seine Unvorsichtigkeit. Zudem fürchtete das Mädchen, man werde ihr den Tatvorwurf der Vergewaltigung nicht mehr glauben, wenn sie zugab, freiwillig in den PKW eines fremden Mannes eingestiegen zu sein (Arntzen 2011).

5. **Fragen Sie positiv.** Viele Menschen antworten nicht auf negative Fragen. Anstatt „Haben Sie den Zeugen zusammengeschrien?" eignet sich besser „Haben Sie ihn lautstark zurechtgewiesen?", anstatt „Haben Sie Ihre Frau in den letzten Jahren immer wieder betrogen?" ist es hilfreicher zu fragen „Haben Sie in den letzten Jahren

neben Ihrer Frau andere weibliche Personen näher kennengelernt?" Statt „Haben Sie sich verspekuliert?" besser: „Mussten Sie Ihre Kalkulation anpassen?"

6. **Fragen Sie verständlich.** Passen Sie Ihre Fragen an das Niveau des Gesprächspartners an. Ein klarer, einfach formulierter Satz sorgt dafür, dass jeder Sie versteht. Es geht nicht darum, dass Sie durch intellektuelle Fragen glänzen, sondern darum, dass der Befragte die Frage zu Ihrer Zufriedenheit beantworten kann. Eitelkeit des Vernehmers ist eine Todsünde.

7. **Bluffen Sie nicht bei spezifischen Tatsachen.** Diese Taktik ist häufig durchschaubar und Sie verlieren an Glaubwürdigkeit. Wenn Sie nacheinander mit mehreren potenziellen Tätern sprechen, bluffen Sie beispielsweise nicht damit, dass der andere Täter bereits ausgesagt habe, wenn dies nicht der Fall ist, oder damit, dass Sie sicher seien, dass dem Investor keine Insolvenz drohe, wenn Sie nicht genau über seine Finanzen Bescheid wissen. Sie dürfen zwar allgemein andeuten, dass Sie mehr Wissen besitzen, als Sie tatsächlich haben. Bei spezifischen Tatsachen zu bluffen ist jedoch zu gefährlich.

8. **Erlauben Sie Nichtwissen.** Es gibt Zeugen, die wollen gerne helfen. Sie wollen eine Aussage machen, auch wenn sie die Antwort nicht genau kennen. Anstatt ihr Nichtwissen zuzugeben, erfinden sie Fakten aus Hilfsbereitschaft oder sie äußern Vermutungen, ohne sie als solche kenntlich zu machen. Fragen Sie nach, ob ein Zeuge das Berichtete wirklich erlebt hat oder ob er nur denkt, dass es sich so zugetragen haben könnte. Erlauben Sie Nichtwissen – nicht jeder Zeuge kann jede Frage beantworten.

9. **Alles, was Sie sagen, können Sie auch fragen.** Dies gilt insbesondere für Interviews oder Verkaufsgespräche. Es ist immer besser, wenn der Gesprächspartner selbst auf eine Erkenntnis kommt, anstatt dass Sie ihm den Schluss vorgeben.

10. **„Wer fragt, der führt."** Dies ist wohl der Leitsatz vieler Seminare – aus guten Gründen!

19.1 Phase 3: Der Freie Bericht

Nachdem ich den Vertriebschef Herrn Rot über den Tatvorwurf aufgeklärt und über seine Rechte belehrt hatte, merkte ich, dass er nervös war. Er zappelte viel und ich sah Schweiß auf seiner Stirn. Ich sagte ihm, dass ich verstünde, dass eine solche Untersuchung belastend sein könne. Deshalb wollten wir ihm die Möglichkeit geben, sich zu rechtfertigen und seine Variante der Geschichte hören. Ich bat ihn, mir so ausführlich wie möglich zu berichten, was passiert sei und wie er das Geschehen wahrgenommen habe. Er redete und redete. Mehr als eine Stunde verging ohne eine einzige Unterbrechung. Er erzählte von der Industriebranche, in der sein Unternehmen tätig war, vom Preisdruck im Markt, von den Verhandlungsstrategien vieler Käufer, die seiner Ansicht nach bereits Erpressung darstellten. Vieles, was der Vertriebschef erzählte, wusste ich schon aus anderen Befragungen. Einiges schien mir irrelevant. Manches fehlte, wie beispielsweise die Beantwortung der Frage, ob er denn an Kartelltreffen teilgenommen hat. Und anderes fand ich hoch spannend, wie seine Erzählung, dass er sein Gegenüber im Biergarten am Münchener Flughafen getroffen habe. Das zeigte nämlich, dass er seinen Kollegen persönlich kannte, eine Tatsache, die dieser in einem vorherigen Interview bestritten hatte. Erst nach 90 min versiegte der Redefluss des Vertriebschefs. Ich stellte noch ein paar offene Anschlussfragen, um zu sehen, ob er noch etwas berichten konnte, was für uns wichtig war, doch es kam nichts mehr, der Vertriebschef war sichtlich erschöpft. Zeit, zum nächsten Teil der Befragung überzugehen.

Im freien Bericht schildert der Gesprächspartner seine Sicht der Dinge und erzählt alles, was er für relevant hält. Kritische Fragen sind hier noch unnötig. Der freie Bericht wird für gewöhnlich mit einer offenen Frage eingeleitet wie beispielsweise: „Bitte berichten Sie mir von diesem Ereignis. Erzählen Sie mir alles, woran Sie sich erinnern können. Berichten Sie mir auch die Dinge, die Ihnen vielleicht unwichtig oder nebensächlich erscheinen." Dann lässt man das Gegenüber sprechen. Vielleicht nach einigen Minuten, manchmal auch erst nach einigen Stunden, wenn der Erzählfluss langsam abebbt, fasst der Ermittler mit einer weiteren offenen Frage nach, beispielsweise mit: „Das habe ich soweit verstanden. Um mir das Geschehen noch besser vorstellen zu können, möchte ich Sie bitten, mir noch einmal alles zu erzählen, was Ihnen dazu einfällt. Teilen Sie mir dabei bitte auch Dinge mit, die Sie vorher weggelassen haben, vielleicht auch, weil Sie Ihnen zu unwichtig erschienen."

Bei einem freien Bericht soll der Befragte zum Sprechen gebracht werden – „get them talking and keep them talking". Die schwierigen Fragen stellen wir später. Wer einmal im Redefluss ist, dem wird es schwerfallen, später kurz angebunden zu sein oder nur mit Ja oder Nein zu antworten. Die Reihenfolge einzuhalten – erst der freie Bericht, dann die Befragung – ist wichtig! Denn so greifen wir erst mal so viele Informationen wie möglich ab, danach sprechen wir kritische Punkte an.

Für Sie ist bei einem freien Bericht aktives Zuhören geboten. Der Interviewer soll Informationen aufnehmen und dabei dem Gesprächspartner zeigen, dass er ihm zuhört und ihn versteht (Nichols 2022). Dafür kann er das bisher Gesagte regelmäßig zusammenfassen oder auf die Gefühle des anderen mit Sätzen wie: „Sie scheinen wirklich verärgert zu sein" eingehen (Voss und Raz 2017). Außerdem kann es hilfreich sein, den Gesprächspartner sowie dessen Antworten zu spiegeln. Dabei soll ein Ermittler wertfrei bleiben und belehrende Aussagen, Predigten oder das Übertrumpfen der Aussagen des Vernommenen unterlassen. Weil es so wichtig ist, noch einmal: Es geht bei einer Vernehmung nicht darum, als Vernehmer gut auszusehen, sondern darum, möglichst viele brauchbare Informationen zu erhalten. Dies unterscheidet eine Vernehmung insbesondere von einem journalistischen Interview, bei dem es, leider, vielen Journalisten primär darum geht, durch clevere Fragen oder die eigene Haltung zu glänzen.

Wie im zweiten Teil geschildert, sind Aussagen in einem freien Bericht fast immer wahr. Denn der Zeuge ist völlig frei in der Auswahl dessen, was er preisgibt: Unangenehmes, Peinliches oder Illegales kann er einfach weglassen. Zwar erfahren wir durch den freien Bericht nicht alles, was wir gerne wissen würden, aber das, was wir erfahren, ist mit hoher Wahrscheinlichkeit zutreffend. Ein guter Anfang für die spätere Befragung! Nach einer Untersuchung der Polizeipsychologen Berresheim und Weber ergab der freie Bericht bei durchschnittlichen Vernehmungen 60 % der benötigten Informationen, die zudem zu 94 % zutrafen, während die spätere Befragung etwa 40 % aller Informationen hervorbrachte und eine höhere Fehleranfälligkeit hatte (Berresheim und Weber 2001). Menschen lügen selten, wenn sie nicht dazu gedrängt werden. Im freien Bericht herrscht kein Druck. Wenn der Vernommene über eine Tatsache nicht aussagen will, dann lässt er sie einfach weg, anstatt sich dem Risiko auszusetzen, zu lügen und möglicherweise entdeckt zu werden. Deshalb sind Informationen aus dem freien Bericht auch so glaubwürdig.

Ein weiterer Vorteil des freien Berichts: Ein Ermittler erhält dort die Möglichkeit, einen Befragten genauer kennenzulernen, sein normales Sprechtempo, Denkpausen, Stottern, Körpersprache zu erleben. Für eine Strukturanalyse ist immer ein Vergleichsmaßstab wichtig – die in Abschn. 10.2 erläuterte „baseline" findet ein Ermittler bereits beim Opening und dann im freien Bericht, sprich in einer Vernehmungssituation unter leichtem Druck. Dieses Grundverhalten kann er später, wenn es zur Sache geht, als Vergleichsmaßstab nutzen:

- Redet die Zeugin jetzt schneller?
- Unterscheidet sich der Detailgrad ihrer Antworten?
- Hat sich ihre Körpersprache verändert?

Wenn jemand beispielsweise beim Opening über die Unzuverlässigkeit der Deutschen Bahn in entspannter Atmosphäre schnell und detailliert spricht, auf eine spätere Frage zu einer möglichen Unterschlagung allerdings monoton redet und nur das Nötigste sagt, ist dies ein Warnsignal.

Häufige Vernehmungsfehler
Die Grundsätze des „freien Berichts" werden, obwohl theoretisch wohl bekannt, in der Praxis oft nicht eingehalten, sei es von offiziellen Vernehmern oder von Journalisten in Interviews. Ich finde es immer wieder ärgerlich, wenn ein Journalist des öffentlichen Rundfunks ein Interview mit einer kontroversen Figur führt und mit einer polemischen Frage ins Gespräch startet. Selten führen solche Interviews zu neuen Informationen, meist enden sie damit, dass sich Journalist und Interviewpartner gegenseitig angiften. Auch bei offiziellen Vernehmungen lassen Ermittler häufig keinen freien Bericht zu. So fanden Fisher, Geiselmann und Raymond bei der Analyse von Vernehmungen heraus, dass der Fragen-

steller den Vernommenen im Schnitt bereits nach 7,5 s das erste Mal unterbrach und dass Zeugen nach einer Unterbrechung ihren Bericht meist nicht mehr vervollständigen konnten (Fisher et al. 1987). Die Ermittler vernahmen häufig im Stakkato-Stil, sie stellten viele schnell aufeinanderfolgende Fragen, ließen keine Pausen und unterbrachen ihre Gesprächspartner schließlich sogar, während sie antworteten. Fragelisten zogen sie oft stur durch, anstatt auf die Antworten der Zeugen einzugehen. Oftmals betrug der eigene Sprechanteil der vernehmenden Beamten über 50 %. Dabei sollte unser Sprechanteil bei einer Verhandlung gerade einmal 20 % betragen (Rock 2019), bei einer Vernehmung sogar noch weniger! Andere Fehler aus der Praxis sind, dass Vernehmer das Gespräch steuern, wenn es zu Wiederholungen kommt oder, dass sie die Sätze der Vernommenen mit eigenen Worten beenden. All dies ist schlicht falsch! Wenn Sie ein Gespräch führen, lassen Sie die andere Seite erst einmal sprechen, hören Sie aktiv zu, aber unterbrechen Sie nicht. Halten Sie Denkpausen aus, notfalls können Sie auch eine Anstoßfrage stellen. Wenn die andere Partei herumlaviert, bleiben Sie geduldig. Sie werden aus jeder noch so verschwurbelten Antwort etwas lernen, und wenn es das Sprechverhalten eines Zeugen in einer druckfreien Situation ist – das Sie dann später vergleichen können, wenn Sie schwierige Fragen stellen.

19.2 Phase 4: Die Befragung

Auf den freien Bericht folgt die Befragung. Hier können Sie all das ansprechen, was Sie gerne noch wissen möchten sowie ein paar allgemeine Fragen stellen. Machen Sie es den Vernommenen ruhig schwer! Verschiedene Studien zeigen, dass Lügner, die mehrere schwere Fragen beantworten müssen, durch den hohen "cognitive load", eher zu Fehlern neigen. Sie schaffen es nicht, ihre neuen und alten Aussagen miteinander abzugleichen und widersprechen sich. Konkrete Fragen helfen Ihnen, mehr aus Ihren Gesprächspartnern herauszukitzeln, sowohl den ehrlichen als auch den Lügnern.

Hilfreiche(s) Fragen

"Ab einem bestimmten Alter lernt man die richtigen Fragen zu stellen", sagte Shirley Temple angeblich einmal. Wenn es nur so einfach wäre … Es gibt offene und geschlossene Fragen. Es gibt Trichter-Fragen, W-Fragen, wie „Wer?", „Was?", „Wann?", „Wieso?", und Erklärfragen, es gibt Erlebnisfragen, Motivationsfragen, Suggestivfragen, Testfragen und Unmöglichkeitsfragen. Außerdem Prognosefragen, Multiple-Choice-Fragen, Übertreibungsfragen, Projektionsfragen, zirkuläre Fragen, Bestätigungsfragen, Konkretisierungsfragen, Ablenkungsfragen, Gegenfragen, relevante und irrelevante Fragen sowie Vergleichsfragen. Ich könnte so weitermachen und in meinen Kursen thematisiere ich gerne einen halben Tag lang verschiedene Frageformen und ihre Anwendungsgebiete. Zunächst aber ein paar Grundsätze: Es gibt keine richtigen oder falschen Fragen, keine erlaubten oder verbotenen Fragen. Jede Frageart dient einem Zweck und kann zum richtigen Zeitpunkt sinnvoll sein. Selbst die verteufelte Suggestivfrage ist unter bestimmten Rahmenbedingungen durchaus nützlich.

Wie schon der freie Bericht sollte auch die Befragung möglichst breit begonnen werden, das heißt, generelle Trichterfragen zuerst und danach Erklärfragen. Es ist wahrscheinlicher, nach diesen offenen Fragen eine grundsätzlich stimmige Erzählung zu erhalten, ausgenommen unangenehme Bruchstücke, als wenn Sie gleich mit den unangenehmen Fragen einsteigen. „Wir haben ja damals gemeinsam als Anlage zum Kaufvertrag über das Hotel ein Gutachten des Bausachverständigen über den Zustand des Hotels sowie eine Liste aller Baumängel aufgenommen. Des Weiteren haben wir im Vertrag jede nachträgliche Haftung ausgeschlossen. Können Sie uns sagen, weshalb Sie sich unter diesen Umständen auf Baumängel berufen?" Und dann: „Wie sollen wir jetzt Ihrer Meinung nach vorgehen?"

Geschlossene Fragen sind solche, die mit einem einfachen „Ja" oder „Nein" beantwortet werden können. Diese Fragen können geeignet sein, um Dinge auf den Punkt zu bringen und Ausflüchte zu verhindern. Zum Beispiel: „Haben Sie jetzt die Anweisung gegeben, an der Ausschreibung teilzunehmen? Ja oder Nein?" Sie erhalten wenig Informationen, dafür aber oft wichtige. Allerdings ist die Täuschungsgefahr hier hoch, denn Vernommene können mit einem „Nein" ohne große

19 Phase 3 und 4: Regeln für den freien Bericht und die Befragung

Anstrengung lügen und sich dann später, insbesondere bei ungenauer Fragestellung, damit rechtfertigen, dass sie die Frage falsch verstanden hätten. So könnte ein Zeuge die Frage, ob er seine Mitarbeiter angewiesen habe, an einer Ausschreibung teilzunehmen, einfach verneinen. Wenn der Ermittler dann nachfasst, beispielsweise, weil er Beweise für eine Teilnahme hat, lautet eine Antwort dieser Art: „Natürlich habe ich mit meinem Team über die Ausschreibung gesprochen und gesagt, dass wir daran teilnehmen müssen. Das war aber nur ein Gespräch, keine Anweisung. Anweisungen sind bindend und bedürfen für gewöhnlich der Schriftform. Insofern war mein „Nein" auf Ihre ursprüngliche Frage absolut korrekt, dazu stehe ich." Dass diese Aussage weitgehend unsinnig ist, hindert den Beschuldigten nicht, daran zu glauben oder es zumindest einfach zu behaupten.

Noch gefährlicher als geschlossene Fragen sind Suggestivfragen, bei denen eine bestimmte Aussage impliziert wird. In meinen Kursen zeige ich den Teilnehmenden für wenige Sekunden das Bild einer Massenschlägerei – ein sogenanntes Turbulenzgeschehen – und frage dann, ob das Opfer mit einem Schlagring niedergeschlagen oder mit einem Messer niedergestochen wurde. Mit der Frage suggeriere ich, dass eine Waffe eingesetzt wurde. In Wirklichkeit war dies nicht der Fall, auf dem Bild ist weder ein Messer noch ein Schlagring zu sehen. Die Frage legt aber nahe, dass eines von beidem der Fall ist. Viele Kursteilnehmer sagen, sie seien sich nicht sicher und könnten die Frage nicht beantworten. Ein paar sind sich sicher, keine Waffe gesehen zu haben. Andere hingegen, und zwar umso mehr Teilnehmer, je öfter ich die Frage im Rahmen eines mehrtägigen Kurses stelle, glauben, sich an etwas Metallisches erinnern zu können. Wie wir in Kap. 14 gelernt haben, ist das Gedächtnis beeinflussbar und je öfter eine Frage gestellt wird, möglicherweise über einen längeren Zeitraum, umso mehr Menschen werden ernsthaft meinen, sich an die suggerierte Antwort zu erinnern.

Suggestivfragen können allerdings manchmal auch nützlich sein. Sie zwingen Befragte dazu, eine Antwort zu geben, entweder durch Bestätigen oder Abstreiten der Suggestion. Wir werden weiter unten sehen, dass Suggestivfragen zum Erlangen eines Geständnisses eingesetzt werden können. In der Verhandlung eignen sich Suggestivfragen gegenüber Menschen, die äußerst wortkarg sind. Solche Verhandlungspartner sind unangenehm, da wir oft nicht wissen, wo wir mit ihnen gerade stehen. Befinden wir uns kurz vor einer Einigung und einem Vertragsabschluss? Oder findet unser Gegenüber all unsere Vorschläge unrealistisch und inakzeptabel? Eine Suggestivfrage zwingt den Verhandlungspartner, sich zu erklären. Er kann unsere Frage kaum einfach offenlassen, ohne sich später am Gefragten festhalten zu lassen. Er kann unsere Frage kaum unbeantwortet lassen und dann erst später äußern, dass er mit der Suggestion nicht einverstanden ist. „Eigentlich geht es Ihnen doch gar nicht um die angeblichen Baumängel oder den Dankmalschutz, sondern darum, dass Ihre Kalkulation mit den gestiegenen Zinsen nicht mehr aufgeht. Richtig?"

Negative Antworten auf Suggestivfragen wirken oft glaubhaft. Wenn ich einen Vernommenen frage, ob er sich mit dem anwesenden Herrn Müller, Herrn Meier oder mit beiden unterhalten hat und der Vernommene dann nicht auf die Suggestion einsteigt, sondern aussagt, dass beide Personen gar nicht anwesend waren, dann hat seine Aussage einen hohen Beweiswert. Sie zeigt, dass der Vernommene wirklich eigene Erfahrungen wiedergibt und dem Ermittler nicht nach dem Mund redet. Wenn der Befragte dagegen auf die Suggestivfrage einsteigt, beispielsweise bestätigt, dass sowohl Herr Müller als auch Herr Meier anwesend waren, dann sollte ich ihn bitten, mir genauer davon zu erzählen.

Manchmal empfiehlt es sich, am Anfang einer Vernehmung ein paar Fragen mit falschen Suggestionen einzubauen, auf die der Ermittler die Antworten bereits kennt. Wenn der Zeuge die Frage, „Herr Meier war doch anwesend, oder?" bejaht, obwohl der Ermittler genau weiß, dass Herr Meier gerade nicht anwesend war, so zeigt die Antwort, dass der Zeuge leicht beeinflussbar ist und möglichst offen befragt werden sollte.

Jede Suggestivfrage kann auch als offene Frage gestellt werden, meist ist dies auch empfehlenswert. Wenn ein Befragter in einer vorangegangenen Befragung gesagt hat, dass er von 14 bis 16 Uhr bei einem Treffen anwesend war, der Ermittler aber an dieser Zeitangabe zweifelt, dann sollte er anstelle von „Nach Ihrer vorherigen Aussage waren Sie von 14 bis 16 Uhr beim Treffen anwesend, richtig?" besser schlicht noch einmal offen fragen „Wann waren Sie nochmal bei dem Treffen anwesend?"

19.3 Fünf Killerfragen

Ich möchte Ihnen fünf Fragen mitgeben, die zu überraschenden Ergebnissen führen können. Diese Fragen sind situationsabhängig, Sie können sie also nur unter bestimmten Voraussetzungen stellen. Zum falschen Zeitpunkt können sie sogar kontraproduktiv sein. Es kommt auf Ihre eigene Einschätzung der konkreten Situation an!

1. **„Warum sollte ich Ihnen glauben?" Vielleicht noch mit dem Zusatz „Kann es sein, dass Sie mir nicht die ganze Wahrheit sagen?"**
Diese Frage wird von Schafer und Navarro in ihrem Buch „Advanced Interviewing Techniques" vorgeschlagen (Schafer und Navarro 2016). Sie können Sie bei einer Vernehmung stellen, je nachdem auch in einem Personalgespräch oder einem Interview. Bei einer Verhandlung oder einem Verkaufsgespräch hingegen könnte sie als zu forsch wahrgenommen werden, da Sie suggerieren, dass der Vernommene lügt.
Warum funktioniert diese Frage so gut? Lügner unterschätzen oft die eigenen Fähigkeiten zu lügen und überschätzen die Möglichkeiten eines Ermittlers, ihre Gedanken, Emotionen und ihren geistigen Zustand zu durchschauen. Insbesondere, wenn Vernommene im Unklaren darüber sind, was ein Ermittler weiß, haben sie häufig Angst, einer Lüge überführt zu werden. Erfahrungsgemäß antworten Personen, die die Wahrheit sagen, auf diese Frage oft: „Weil ich die Wahrheit sage." Oder sie werfen Ihnen vor, keine Ahnung zu haben. Lügner nehmen diese Frage einfach hin oder fragen zurück, welche Beweise Sie für Ihre Aussage haben. Wie wir bereits gesehen haben, ist die Frage nach Beweisen jedoch gerade ein Hinweis, dass die andere Seite nicht die ganze Wahrheit sagt. „Welche Beweise haben Sie?" steht stellvertretend für die Frage Ihres Gegenübers, was Sie gegen ihn in der Hand haben, sodass Ihr Gesprächspartner seine Strategie an die Beweislage anpassen kann. Menschen, die die Wahrheit sagen, fragen für gewöhnlich nicht nach Beweisen, denn wer die Wahrheit sagt, weiß, dass keine gegenteiligen Beweise existieren. Sie gehen davon aus, dass sich eine falsche Anschuldigung früher oder später als Irrtum herausstellen muss.

Teils lässt sich die Frage auch in Verkaufsgesprächen nutzen: „Warum sollte ich glauben, dass Sie nicht nächste Woche wieder anrufen und den Vertrag nachverhandeln wollen?" Ziel dieser Frage ist es dann, Ihren Gesprächspartner festzulegen. Es wäre schon sehr dreist, diese Frage von sich zu weisen und dann kurze Zeit später doch Nachverhandlungen zu fordern.

2. „Haben Sie in Ihrem Leben schon einmal gelogen, um eine unangenehme Situation zu vermeiden?"
Diese Frage ist gemein! Jeder von uns hat schon einmal gelogen, um eine unangenehme Situation zu vermeiden. Allerdings möchte ein Vernommener bei einer Befragung nicht zugeben, in der Vergangenheit gelogen zu haben, da er dann fürchten muss, seine Glaubwürdigkeit zu verlieren. Vernommene versuchen einen möglichst positiven Eindruck zu vermitteln – der Lügner, damit ihm geglaubt wird, und der Unschuldige, damit er nicht zu Unrecht verdächtigt wird. Eine angemessene Antwort müsste „Ja, natürlich!" lauten. Unschuldige möchten diese Antwort aber nicht geben. Befragte, die die Wahrheit sagen, lavieren erfahrungsgemäß an dieser Stelle herum, versuchen mit Antworten, wie „Hat dies nicht jeder von uns irgendwann?", oder „Nicht, wenn es wichtig war" keinen schlechten Eindruck zu hinterlassen. Einige Lügner antworten hingegen mit einem klaren „Nein!". Sie haben sich ohnehin entschieden, zu lügen, da macht eine weitere Falschaussage keinen Unterschied. Die Frage geht übrigens auf den ehemaligen Chicagoer Polizeibeamten John Reid zurück, dessen Methode ich in Abschn. 4.2.2 vorgestellt habe. Wie so oft geht es bei der Reid-Methode darum, durch unangenehme Fragen Druck auf unseren Gesprächspartner auszuüben, denn gestresste Lügner lassen sich besser enttarnen.

Auch diese Frage eignet sich eher für offizielle Befragungen als in Verhandlungen oder Verkaufsgesprächen. Sie erfordert Fingerspitzengefühl. Bei einer Verhandlung auf Augenhöhe würde Ihr Gegenüber Ihnen vielleicht entgegnen, dass Sie das nicht das Geringste angeht. In anderen Situationen kann die Frage aber hilfreich sein.

19 Phase 3 und 4: Regeln für den freien Bericht und die Befragung

3. „Wenn Sie ich wären, wie würden Sie die Untersuchung führen? Was würden Sie jetzt vorschlagen?"
Hier handelt es sich um eine Projektionsfrage, das heißt, ein Vernommener wird aufgefordert zu überlegen, wie er an unserer Stelle fortfahren würde. Bei Untersuchungen sind Befragte, die die Wahrheit sagen, meist hilfsbereit. Sie geben Ihnen Tipps, was Sie vielleicht noch untersuchen könnten, mit wem Sie vielleicht noch sprechen sollten, was Sie vielleicht noch nicht bedacht haben. Der Unschuldige möchte, dass der wahre Täter gefasst wird, aus einem Gerechtigkeitsgefühl heraus und aus Eigennutz, also, um sich selbst damit zu entlasten. Anders der Lügner: Er will gerade verhindern, dass Sie mit Ihren Untersuchungen erfolgreich sind. Lügner antworten deshalb häufig unbestimmt, zum Beispiel: „Für diese Aufgabe werden Sie bezahlt, nicht ich.", oder: „Da kann ich Ihnen wirklich nicht helfen." Sie können die Frage je nach Situation auch abwandeln. Zum Beispiel: „Welche drei Fragen sollte ich Sie auf jeden Fall noch stellen, um mehr herauszufinden?" oder „Ich verstehe, dass Sie sagen, die Tat nicht begangen zu haben. Was könnten Sie sich denn vorstellen, wer der Täter war?" oder „Wenn wir den Täter finden, was sollten wir mit ihm machen?" Unschuldige fangen an dieser Stelle an zu spekulieren, teils einfach ins Blaue hinein. Sie sind auch bereit, harte Strafen zu fordern, wie eine hohe Geldbuße oder ein Berufsverbot. Ein Täter hingegen will weder sich noch Unschuldige belasten und wird deshalb versuchen, diese Fragen abzuwiegeln. Auch hinsichtlich einer möglichen Strafe halten sich Täter bedeckt. Vielleicht sagen sie sogar, dass jeder eine zweite Chance verdient.

Die Frage eignet sich in abgewandelter Form auch für Verhandlungen. „Was würden Sie denn jetzt an meiner Stelle machen?" Ganz ehrlich gefragt, kann das Wunder bewirken! In unserem Grundstücksverhandlungsfall sagte der Hotelinvestor, vielleicht sollten wir einfach einmal mit unserer Forderung heruntergehen. Auch wenn diese Antwort meinem Mandanten natürlich zunächst nicht gefiel, zeigte sie doch, dass es neben der ersten Option – langdauernde, kostenintensive Klage mit hoher Unsicherheit, die geschuldete Summe auch voll zu erhalten – auch noch eine zweite Option gab – weiterverhandeln, um nach Preisabschlägen zu einer schnellen Zahlung zu gelangen.

4. „Wie oft waren Sie bei Kartelltreffen – etwa 20-, 30-, 40-mal – oder öfter?"

„Nein, nein, es gab nur vier oder fünf Treffen", antwortete der Betroffene bei einer meiner Vernehmungen. Ich hatte eine Übertreibungsfrage gestellt und die erhoffte Antwort erhalten. Mit Absicht hatte ich vorher Optionen genannt, die deutlich zu hoch waren. Natürlich hätte der Vernommene jetzt mit einer Erinnerungslücke kontern können, nur stand dann eben die tiefste Zahl an Treffen, 20, im Raum. Insofern wählte der Zeuge die Möglichkeit, lieber eine kleine Zahl zuzugeben, als eine zu hohe Zahl stehen zu lassen. Wollen Sie eine wahre Angabe erhalten, dann nennen Sie übertriebene oder untertriebene Alternativen. „Wieviel mehr wird Sie denn der Denkmalschutz kosten? 1000, 2000 oder sogar 5000 Euro?" „Von wegen – das können durchaus 30.000 bis 50.000 Euro werden," antwortete der Hotelinverstor auf die Untertreibungsfrage hin – und wahrscheinlich sogar zutreffend!

5. „Sie scheinen sich unwohl zu fühlen – können Sie mir sagen, warum?"

Dies ist eine Meta-Frage zur Gesprächssituation. Sie beobachten einen Vernommenen, nehmen Bezug auf seine Körpersprache und Abweichungen zur „baseline". Ziel ist es, weitere Informationen aufzudecken, die der Betreffende eigentlich verschweigen will, oder wichtige Themen, die noch nicht angesprochen wurden. Eine weitere Metafrage wäre, das Ausweichen des Gesprächspartners offen anzusprechen: „Sie sind meiner Frage jetzt mehrfach ausgewichen. Warum machen Sie das?"

Auch in einem Verkaufsgespräch ist eine solche Frage hilfreich: Vielleicht hat ein Käufer versteckte Motive, warum er eine Entscheidung herauszögern will. Die meisten Entscheidungen sind nicht rational, sondern ein Kunde hat sie aus seinem Bauchgefühl heraus getroffen. Diese Frage nach Motiven und damit verbundenen Emotionen zielt darauf ab, Einwände zu erkennen, sodass Sie diese ausräumen können. Manchmal verschweigt der Verhandlungspartner Ihnen seine Motive trotzdem oder seine Einwände lassen sich schwer entkräften. Aber erstaunlich oft hilft die Frage nach dem Befinden des Gegenübers oder auch eine Frage wie „Ich habe das Gefühl, dass Sie etwas stört?" Vielleicht hat Ihr Gesprächspartner auf einen solchen Anlass gewartet, um Ihnen seine wahren Motive zu erläutern.

Literatur

Arntzen F (2011) Vernehmungspsychologie – Psychologie der Zeugenaussage – System der Glaubhaftigkeitsmerkmale (5. Auflage), C.H.Beck, München
Fisher, R. P./Geiselman, R. E./Raymond, D. S. (1987). Critical analysis of police interview techniques. Journal of Police Science and Administration, 15(3), 177–185
Nichols M (2022) Die Macht des Zuhörens (3. Auflage), Unimedica, Kandern
Rock H (2019) Erfolgreiche Verhandlungsführung mit dem Driver-Seat-Konzept, Springer Gabler, Wiesbaden
Schafer J/Navarro J (2016) Advanced Interviewing Techniques (3. Auflage), Charles C. Thomas Publisher, Springfield, USA
Voss C/Raz T (2017) Never split the difference: Negotiation as if your life depended on it, Random House Business, New York, USA
Weber A/Berresheim A (2001) Polizeiliche Vernehmung, Kriminalistik 12/01

20
Optional: Das Geständnis

Herr Rot berichtete von Vorgängen, die wir schon kannten. An andere, für die wir seine Unterstützung benötigten, konnte er sich nicht erinnern. Insbesondere seine eigene Rolle in dem Konstrukt blieb unklar. War Herr Rot wirklich, wie von ihm selbst behauptet, nur Mitläufer in einem von Herrn Blau, Herrn Schwarz und Frau Weiß organisierten Kartell? War er da quasi hineingeschlittert? Oder war er sogar, wie uns andere Zeugen berichteten, der sogenannte ringleader, also der Anführer des Kartells? Ich glaubte an Letzteres, doch es gab keine Beweise dafür. Da die Befragung keine neuen Erkenntnisse brachte, beschloss ich, einen Versuch zu starten, Herrn Rot zu einem umfassenden Geständnis zu bewegen.

Die „Königin der Beweismittel"
„Confessio est regina probationum" – Das Geständnis ist die Königin der Beweismittel. Kaum ein Aufsatz oder Buch zu diesem Thema, welches nicht dieses lateinische Zitat beinhaltet. Allerdings streiten Autoren darüber, ob diese alte Weisheit wahr ist. Denn in vielen Situationen sind Informationen wichtiger als ein Geständnis. Ein reines Schuldeingeständnis im Sinne von „Ja, ich war's!", brachte uns beim Bundeskartellamt wenig. Um einen gerichtsfesten Bußgeldbescheid schreiben zu können,

ging es darum, Märkte und Preissetzungsmechanismen zu verstehen und hierfür waren die gelieferten Informationen viel wertvoller als ein „mea culpa". Auch bei Verhandlungen oder bei persönlichen Gesprächen spielen Geständnisse eine untergeordnete Rolle. Wozu könnte ein Verhandlungspartner auch gestehen? Dass er über mehr Spielraum für einen Preisnachlass verfügt, als er zugibt? Dass er gebluft hat und es in Wirklichkeit kein Konkurrenzangebot gab? Oder, dass der Investor Baumängel erfunden hatte, um so aus einem Vertrag herauszukommen, der sich aufgrund schwankender Bauzinsen nachträglich als wenig lukrativ herausstellte? Sicherlich wäre es nützlich, solche Informationen zu kennen, aber Sie werden Ihre Verhandlungen auch ohne sie führen können. Das Ziel des Befragungsmodells ist die Informationsgewinnung, das Geständnis ist die Schaumkrone.

Für Strafverfolgungsbehörden, Compliance-Abteilungen oder die Revision, vielleicht auch für Personalabteilungen, die ein Fehlverhalten nachweisen wollen, ist ein Geständnis jedoch wichtig. Josef Wilfling, ein ehemaliger Leiter der Münchner Mordkommission, schreibt, dass etwa 80 % aller Verbrecher ein Geständnis abgeben (Wilfling 2019). Bei meinen Vernehmungen beim Bundeskartellamt sowie auch bei den Marktbefragungen der OECD waren Geständnisse dagegen selten. Wenn, dann erfolgten sie meist im Rahmen des Kronzeugenantrags eines Unternehmens, bei dem Strafminderung für Kooperation gewährt werden konnte, oder als Teil eines sogenannten Settlements, dem einvernehmlichen Abschluss eines Verfahrens, bei dem wiederum ein Abschlag vom Bußgeld für ein Eingestehen einer Tat gewährt wurde. Meist erfolgten Geständnisse erst, wenn wir die Tat ohnehin schon nachweisen konnten.

Geständnisse sind schwierig zu erwirken
Täter gestehen nicht einfach so. Sie gestehen für gewöhnlich dann, wenn sie müssen, wenn ihre Täterschaft erwiesen ist. Nach einer Studie zu dem Thema, warum Täter ein Geständnis abgeben, war für 61 % der Geständigen die Beweislage ausschlaggebend, 41 % ließen sich von der Aussicht auf Strafmilderung beeinflussen. Andere Motive waren Reue, der Wunsch zu verhindern, dass Unschuldige verurteilt wurden oder auch ein gestörtes Bedürfnis, für eine Tat anerkannt zu werden

(Gudjonsson et al. 2004). Manchen Täter plagt wohl auch eine innere Spannung und er hat den Wunsch, sich durch ein Geständnis zu erleichtern. Denn jeder Täter lebt mit der ständigen Ungewissheit, ob Zeugen etwas über seine Tat wissen oder herausfinden könnten. Außerdem muss ein Täter ständig darauf achten, sich nicht selbst zu verraten. Manche Täter halten diesem inneren Druck nicht stand und gestehen schließlich.

Andere versuchen, so lange wie möglich ihre Unschuld zu beteuern. Zu diesem Typ würde ich die meisten Kartelltäter zählen. Sie hoffen, dass ihnen nichts nachgewiesen werden kann, dass ihr hochbezahlter Anwalt genug Zweifel säen wird und sie so nach dem Grundsatz „im Zweifel für den Angeklagten" ungeschoren davonkommen. Sie wollen sowohl Strafen vermeiden als auch ihren Ruf wahren. Manchmal geht es dem Täter auch um den Schutz weiterer Personen, zu denen er ein enges Verhältnis hat. Wie wir in Abschn. 3.4 dieses Buches gesehen haben, erfolgten viele Lügen oder sogar Meineide zugunsten von Freunden, Verwandten oder einem Arbeitgeber. Ein Angestellter fürchtet seine Kündigung oder Repressalien des Chefs, falls er diesen anschwärzt. Auch ein falsch verstandener Korpsgeist, gerne als Gruppenverbundenheit beschrieben, kann ein Grund für Zeugen sein, nicht oder falsch auszusagen.

Es gibt auch falsche Geständnisse
Bei strafrechtlichen Ermittlungen sind falsche Geständnisse gar nicht so selten. Je mehr Druck Sie bei einer Befragung eines Vernommenen aufbauen, desto höher ist die Gefahr, dass dieser Dinge zugibt, die nicht der Wahrheit entsprechen. Dies ist einer der Schwachpunkte der Reid-Methode, bei dem der Täter eben durch das Aufbauen von Druck zu einem Geständnis gebracht werden soll. Auch in Deutschland ist das sogenannte Erschöpfungsgeständnis bekannt, bei dem ein Täter aus Resignation ein falsches Geständnis abgibt, zum Beispiel, weil ihm sowieso niemand glaubt. Oft geht dies mit dem sogenannten Vorteilsgeständnis einher: Ein Beschuldigter hofft, einen kleinen Vorteil durch das Geständnis zu erlangen, beispielsweise, dass er die Nacht nicht in einer Zelle, sondern zu Hause verbringen darf. Ein falsches Geständnis kann auch aufgrund eines Deals zustande kommen. Gerichte gewähren für ein Geständnis Strafnachlass. Da der zu Unrecht Angeklagte sowieso

mit einer Verurteilung rechnet, möchte er zumindest das Strafmaß senken. Andere falsche Geständnisse erfolgen von Personen mit Geltungssucht, Menschen mit einer Persönlichkeitsstörung oder mit Depressionen, sprich solchen, die sich selbstzerstörerisch verhalten. Weiterhin besteht die Gefahr, dass jemand ein sogenanntes Ablenkungsgeständnis abgibt, also eine harmlosere Tat zugibt, um damit von einer größeren abzulenken. Eine Unterform hierzu ist die sogenannte Konfabulation, bei der ein Täter mehr zugibt, als wirklich stattgefunden hat, in der Hoffnung, dies werde irgendwann aufgedeckt und der Ermittler würde dann annehmen, dass alle anderen Anschuldigungen auch falsch sind. Und schließlich gibt es treue Mitarbeiter, die Schuld auf sich nehmen, um ihren Chef zu schützen.

Über falsche Geständnisse steht viel geschrieben. Die Verfasser sind häufig Verteidiger. Ich habe im Kartellamt solche Geständnisse, bei denen jemand zu Unrecht Schuld auf sich lädt, nicht erlebt – dafür waren die Teilnehmer anwaltlich zu gut beraten! Der Bundesgerichtshof sagt, dass ein Gericht sich vor einer Verurteilung von der Richtigkeit eines Geständnisses überzeugen muss (2 Str. 249/92). Ein Vorwurf an das Bundeskartellamt lautete immer wieder, dass die Ermittler im Rahmen unseres Kronzeugenprogramms Straferlass oder -minderung für das ausführliche Schildern von Ereignissen gewährten, auch, wenn diese gar nicht wahr seien. Täter würden sich deshalb teilweise Fakten ausdenken. Denn je mehr gestandene Tatsachen, desto höher der Straferlass. Die Schuldaussagen treffen jedoch nicht zu. Entsprechend der Vorgaben des BGH prüfen die Ermittler des Bundeskartellamts immer alle Geständnisse gegen und befragen außerdem den geständigen Vernommenen nach tatspezifischem Wissen, welches nur ein wahrer Täter haben kann.

20.1 Fünf Schritte, um ein Geständnis zu erlangen

Wenn die Indizienlage den Schluss zulässt, dass der Beschuldigte auch wirklich der Täter ist, kann ein Ermittler versuchen, ein Geständnis von seinem Gesprächspartner zu erlangen.

Drei Grundsätze für das Erlangen eines Geständnisses lauten:

1. Menschen geben das zu, wovon sie glauben, dass Ihr Gegenüber es ohnehin schon weiß. Um ein Geständnis zu erlangen, müssen Sie also den festen Eindruck vermitteln, Sie wüssten, was die andere Seite gemacht hat, und könnten dies auch beweisen.
2. Geständnisse sind für die andere Seite unangenehm. Niemand legt gerne ein Geständnis ab, so wie niemand gerne zugibt, gelogen zu haben. Sie müssen der anderen Seite also helfen, über ihren Schatten zu springen.
3. Je öfter jemand eine Tat abstreitet, desto schwerer wird es ihm später fallen, ein Geständnis abzulegen. Jemanden gleich zu Beginn eines Gesprächs zu einem Geständnis zu drängen, ist also wenig hilfreich. Wenn Sie es am Ende einer Befragung riskieren wollen, müssen Sie mit aller Kraft und ohne Pause darauf hinwirken. Unterbrechungen, die Ihrem Gesprächspartner die Chance geben, sich neu zu sortieren, sind kontraproduktiv.

Auch wenn Sie die bessere Verhandlungsposition haben, etwa, weil Ihr Verhandlungspartner von Ihnen wirtschaftlich abhängig ist oder Sie als Ermittler, Personalchef oder Vorgesetzter agieren, werden Sie dennoch nicht immer ein Geständnis erreichen können. Manche behaupten, dass ein Vernommener, der nicht gestehen will, niemals „geknackt" werden könne, weshalb man es gar nicht erst versuchen sollte. Andere Ermittler sind da optimistischer. Auch ich halte die Chance, ein Geständnis zu erwirken für ausreichend hoch, wobei es natürlich wie immer auf die individuelle Situation ankommt.

Die Methode, um ein Geständnis zu erlangen, die ich Ihnen jetzt vorstelle, besteht aus fünf Schritten. Diese Strategie ist je nach Situation gegebenenfalls anzupassen, zum Beispiel in einer hoheitlichen oder privaten Befragung, insbesondere dann, wenn die Strafprozessordnung manche Fragen nicht zulässt. Die folgenden Beispiele gehen davon aus, dass solche Beschränkungen nicht bestehen, beispielsweise bei einem Personalgespräch.

- Als Erstes präsentieren Sie einen Schuldvorwurf.
- Dann bieten Sie eine rationale Erklärung für die Tat an. Dabei loben Sie den Täter für seine Cleverness beim Begehen der Tat und zeigen gleichzeitig sein Entdeckungsrisiko auf.
- Im dritten Schritt stellen Sie die Alternativfrage und
- bieten danach eine goldene Brücke an, loben den Täter weiterhin, um ihm seine Aussage zu erleichtern, parieren zugleich seine Einwände. Es folgt das Ausformulieren eines Tatvorwurfs.
- Jetzt sollte der Täter ein Geständnis abgeben. Nun gilt es, noch so viele Details wie möglich zu erfahren.

Im Detail:

1. Klarstellung, dass wir den Täter für schuldig halten
„Wir sind uns zwar nicht ganz sicher, aber es gibt folgende Indizien, die darauf hindeuten, dass Sie Geld veruntreut haben, nämlich… Dazu finden wir in Ihrer Geschichte auch noch ein paar Widersprüche, nämlich die Folgenden (…)". So werden Sie kein Geständnis erlangen! Der Täter wird sich eher überlegen, wie er die freundlicherweise beschriebenen Widersprüche ausbügeln und seine Geschichte entsprechend anpassen kann. Er weiß ja jetzt, welche Beweise Sie gefunden haben und welche Ihnen verborgen geblieben sind.

Viel besser wäre es, so einzusteigen: „Wir sind uns sicher, dass Sie das Geld veruntreut haben. Wir haben keine Zweifel mehr, wollen aber verstehen, wie Sie es getan haben. Wir geben Ihnen damit die Möglichkeit, Ihre Seite der Geschichte zu erzählen. Sie haben es getan, oder?" Oder „Wir glauben nicht, dass das Gericht Ihnen mit den angeblichen Baumängeln folgen würde. Sie haben sich diese ausgedacht, oder?" Der Gesprächspartner kann jetzt nicken oder verneinen. Wahrscheinlich wird er verneinen und dann versuchen, die Tat abzustreiten. Jetzt ist es wichtig, dem Vernommenen die Chance auf lange Monologe über die eigene Unschuld zu verbauen. Denn, je öfter er seine Tat abstreitet, desto schwerer wird ihm später ein Geständnis fallen. Sagen Sie dem Beschuldigten, dass Sie ihn für den Täter halten, aber erklären Sie nicht, welche Beweise Sie haben, außer natürlich, die Beweise sind so überzeugend, dass es keinen Zweifel mehr an der Tat gibt, beispielsweise eine Videoaufnahme. Dann ist aber auch ein Geständnis nicht mehr so wichtig. Wenn Sie Ihre Beweise offen auf den Tisch legen, kann der Täter die Beweislage beurteilen und seine Geschichte anpassen. Deshalb lassen Sie den Täter im Unklaren, deuten Sie aber an, dass Sie erdrückende Beweise haben. Jeder Täter hat Angst davor, etwas vergessen oder versehentlich Spuren hinterlassen zu haben. Aber vermeiden Sie es, hinsichtlich konkreter Beweismittel zu bluffen! Der Täter weiß, was er getan hat und welche Beweismittel er unter Umständen hinterlassen hat. Wenn Sie etwa vorgeben, über eine E-Mail zu verfügen, in der der Täter zugibt, Teil eines Kartells zu sein, und er weiß, dass er niemals eine solche E-Mail versenden hat, weil er nie etwas Belastendes schriftlich niederlegt, verlieren Sie an Glaubwürdigkeit.

2. RPM-Rechtfertigung bieten

Nachdem Sie den Beschuldigten mit dem Tatvorwurf konfrontiert haben, bieten Sie ihm eine Rechtfertigung für sein Tun an. Verbrecher haben meist ein zu positives Bild von sich selbst. Menschen, die stehlen oder betrügen, glauben dies nur zu tun, um ihre Familie zu ernähren. Vergewaltiger meinen, sie wurden durch das Opfer provoziert. Mörder sind manchmal der Meinung, sie hätten sich selbst präventiv verteidigen müssen. Natürlich sind alle diese Rechtfertigungen Unsinn – nur glauben die Täter oft selbst daran. Im Rahmen einer Vernehmung fällt es ihnen sehr schwer, ihre Tat zuzugeben, auch wenn die Beweislast erdrückend ist. Eine Rechtfertigung bietet ihnen die Möglichkeit, über die Tat zu sprechen und dabei ihr Gesicht zu wahren.

Ich empfehle die sogenannte RPM-Technik, da die meisten Rechtfertigungen auf Rationalisierung (R), Projektion (P) und Minimierung (M) beruhen. Probieren Sie eine der drei Möglichkeiten aus, abhängig davon, was Ihnen nach dem freien Bericht am erfolgversprechendsten erscheint:

- **Rationalisierung** bedeutet, dass die Tat mit Vernunftgründen gerechtfertigt wird. Ein Unternehmer könnte seinen Steuerbetrug damit rechtfertigen, dass ohne diesen Arbeitsplätze abgebaut werden müssten und dass er doch eine Fürsorgepflicht für seine Arbeitnehmer hat.

- **Projektion** heißt, die Schuld für die Tat wird auf das Opfer oder eine dritte Person geschoben, die die Tat provoziert haben soll. Nicht der Täter, sondern das Opfer ist schuld! Im Fall der Steuerhinterziehung könnte der Unternehmer behaupten, dass ihn die Politik zu seiner Tat gezwungen hat, da er sonst nicht überleben könne. Bei einem Betrug habe das Opfer durch fehlende Sicherheitsmaßnahmen und die laxe Kontrolle die Tat erst ermöglicht, und das Vergewaltigungsopfer habe den Täter durch aufreizende Kleidung erst auf die Idee gebracht. Alternativ kann die Schuld auch auf einen Dritten geschoben werden, der den Vernommenen erst zu dieser Tat verleitet hat.
- **Minimierung** meint, eine Tat kleinzureden. Beispielsweise könnte man einem Täter erzählen, dass eigentlich jedes erfolgreiche Unternehmen Steuern hinterzieht, dass andere Wettbewerber unter denselben Umständen ähnlich gehandelt hätten oder dass noch viel Schlimmeres hätte passieren können.

3. Die Optionsfrage

Vielleicht kennen Sie diesen Trick schon von Verhandlungen: Sie eröffnen Ihrem Gesprächspartner zwei Optionen – beide sind gut für Sie und schließen andere Wahlmöglichkeiten aus. Wenn ich meine Frau frage: „Schatz, wo sollen wir dieses Jahr Urlaub machen? Lieber an den Strand nach Kroatien oder nach Italien?", dann schließe ich mit dieser Frage einen Städte-Trip oder einen Kletterurlaub aus. Auf ähnliche Weise können Sie mit der Optionsfrage ein Geständnis erlangen. Sie geben dem Täter zwei Möglichkeiten vor, warum er die Tat begangen haben könnte. Eine ist für den Täter positiv und beinhaltet eine Rechtfertigung nach der RPM-Methode. Die andere Möglichkeit ist für den Täter negativ, da er nicht nur die Tat begangen hat, sondern dies auch noch aus niedrigen Beweggründen erfolgte. Bei beiden Möglichkeiten gibt der Täter allerdings zu, die Tat begangen zu haben. „Viele in unserem Team denken, dass Sie ein eiskalter, profitgieriger Geschäftsmann sind, der sich mit der Steuerhinterziehung noch einen weiteren Ferrari kaufen wollte. Ich persönlich glaube eher, dass Sie ein Interesse daran hatten, Arbeitsplätze zu retten. Sie sind nicht der einzige Unternehmer, der in einer angespannten Situation Notmaßnahmen ergriffen hat." Nachdem Sie die beiden Möglichkeiten geschildert haben, stellen Sie eine Suggestivfrage: „Nicht wahr, Sie wollten mit der Steuerhinterziehung Arbeitsplätze retten?" Sie geben dem Täter so die Chance, durch ein einfaches „Ja" zuzustimmen. Dies wird unter Umständen auch geschehen. Um aber ganz sicherzugehen, braucht es Schritt vier, die Goldene Brücke.

4. Eine goldene Brücke bauen, loben, Einwänden begegnen
Wenn ein Täter auf Ihre Optionsfrage antwortet, er habe keine Steuern hinterzogen, um sich einen Ferrari zu kaufen, und auch nicht, um Arbeitsplätze zu retten, sondern einfach gar nicht, dann müssen Sie nachhaken. Dabei setzen Sie weiterhin ganz klar voraus, dass der Beschuldigte schuldig ist. Dazu bieten Sie weitere RPM-Rechtfertigungen an, bauen weitere Brücken und wischen seine Einwände beiseite. Ein paar Möglichkeiten sind:

- Wir haben Ihren Namen nicht gewürfelt. Wir haben Beweise und alles läuft darauf hinaus, dass Sie einer der Täter sind. Also, warum geben Sie es nicht einfach zu?
- Wir verstehen alle, warum Sie es gemacht haben. Es ist nicht so, als wären Sie der erste und einzige Geschäftsmann, der Steuern hinterzieht. Die meisten tun es sogar noch auf eine viel dreistere Art.
- Wir wissen, dass Steuerbetrug nicht so schlimm ist, wie einen Menschen umzubringen. Es gibt Schlimmeres im Leben.
- Wir alle bauen mal Mist im Leben. Dann gehört es aber auch dazu, dies irgendwann zuzugeben, um danach neu zu beginnen.
- Was Sie mir erzählen ist, wie ein wenig schwanger zu sein. Es macht keinen Sinn und wir wollen die ganze Wahrheit erfahren.
- Wir wollen gar nicht mehr wissen, ob Sie an der Tat beteiligt waren. Das wissen wir sowieso schon. Wir wollen wissen, warum und wie genau Sie es gemacht haben.
- Wir verstehen, dass Sie unter unglaublichem Druck gestanden haben müssen, als Sie dies taten.

Loben Sie den Täter für seine Tat. Sagen Sie ihm, dass Sie schon viele ähnliche Vorfälle untersucht haben, aber keiner so geschickt eingefädelt gewesen wäre, sagen Sie ihm, dass das nicht jeder hinbekommen hätte.

Auch hier sollten Sie jede Möglichkeit nutzen, dem Täter die Aussage zu erleichtern.
Und schließlich können Sie noch auf Einwände eingehen. Einwände können

- emotionaler Natur sein – „Ich hätte viel zu viel Angst, so etwas zu tun",
- faktischer Natur – „Ich hatte gar nicht die Befugnis, dies zu entscheiden" oder
- moralischer Natur – „Ich bin ein grundehrlicher Mensch, der so etwas niemals tun würde."

Nehmen Sie den Einwand zur Kenntnis, aber diskutieren Sie nicht über die Tat an sich. „Gut, dass Sie dies noch erwähnen…Ich dachte mir schon, dass Ihnen diese Tat wohl schwergefallen ist…, dass Sie nur ganz ausnahmsweise diese Aufgabe angenommen hatten…, dass jemandem wie Ihnen so etwas moralisch schwerfallen muss. Deshalb glaube ich auch, dass der Grund hierfür…" Reichen Sie ihm anschließend erneut die positive Rechtfertigung und schließlich stellen Sie noch einmal die Optionsfrage.

5. Weitere Informationen abgreifen
Jetzt gibt der Beschuldigte die Tat zu – oder (seufz) er gibt sie nicht zu. Seien Sie nicht enttäuscht, wenn Letzteres der Fall ist. Manche Menschen gestehen selbst dann nicht, wenn sie sich beim Begehen der Tat in einer Videoaufnahme sehen. Und manchmal ist ein Vernommener eben auch unschuldig und Sie haben die Indizien falsch gedeutet. Aber vielleicht gibt der Beschuldigte auch tatsächlich ein Geständnis ab. Wenn dies geschieht und er sagt: „Ich war es", ist die Arbeit erledigt. Der Ermittler kann sich zurücklehnen und der Täter wird alles erzählen … Unsinn! Auch wenn ein Täter auf die Optionsfrage positiv antwortet, fällt es ihm immer noch schwer, über die Tat zu sprechen. Fragen Sie also weiter nach, möglichst mit einfachen geschlossenen Fragen, die der Täter ohne viel Überwindung beantworten kann. „Sie waren also am Tatort am 6. Juli?", „In welchem Umschlag war denn das Geld?", „Mit wem haben Sie danach gesprochen?" Durch diese leicht zu

beantwortenden Fragen sichern Sie das Geständnis ab. Außerdem vermeiden Sie durch das Überprüfen von tatspezifischem Wissen, dass der Beschuldigte aufgrund des vorherigen Drucks und der Suggestivfragen ein falsches Geständnis abgelegt hat. Seien Sie behutsam!

Fazit
Funktioniert diese Methode immer? Leider nein. Gewöhnlich werden einfache (Klein-)Kriminelle wohl leichter zu überzeugen sein als hochintelligente, taktisch geschulte Geschäftsleute. Bedeutet ein fehlendes Geständnis, dass der Vernommene unschuldig ist? Vielleicht, vielleicht aber auch nicht. Ich habe Fälle gesehen, bei denen der Vernommene jedes Geständnis empört verweigerte. Später konnte ihm dennoch anhand anderer Zeugenaussagen und Indizien eine Tatbeteiligung nachgewiesen werden. Ich habe aber auch Fälle gesehen, bei denen der dringend Tatverdächtige die Tat halbherzig abstritt, bis zum bitteren Ende – und sich die belastenden Beweise gegen ihn später als falsch herausstellten. Aber in den meisten Fälle fallen Schuldige (Angeklagte) bei präziser Befragung irgendwann um und räumen ihre Beteiligung ein.

Literatur

Gudjonsson, G. H./Sigurdsson, J. F./Einarsson, E. (2004) How Often and Why Do Guilty and Innocent Suspects Confess, Deny, or Remain Silent in Police Interviews?, Journal of Police and Criminal Psychology, 15(3), 177–185
Wilfling J (2019) Geheimnisse der Vernehmungskunst, Heyne, München

21
Ende der Befragung und informelles Nachgespräch: Five minutes that matter

Mit Herr Rot klappte es nicht. Er gab kein ausführliches Geständnis ab und blieb bei seiner einstudierten Geschichte. Nach einigen Versuchen beendete ich leicht frustriert das Gespräch und brachte Herrn Rot zum Ausgang. Als wir zum Parkplatz kamen, wünschte ich ihm eine gute Rückreise. Ich dankte ihm für seine Zeit und dafür, dass er extra nach Bonn gekommen war. Der Tag sei ja für uns beide wenig produktiv gewesen. Er entgegnete, dass er dies auch schade fände. Das ganze Verfahren sei für sein Unternehmen äußerst ärgerlich, erste Investoren seien schon abgesprungen. Sein Vorstand sei deshalb an einem schnellen Ende interessiert.

Im Anschluss an jedes Gespräch fragte ich immer, ob es noch etwas gab, über das wir nach Meinung des Befragten hätten sprechen können. Die meisten Gesprächspartner antworteten mit Nein und sagten, wir hätten alles Relevante behandelt. Manchmal jedoch gab es Überraschungen. Einmal hatten wir im Bundeskartellamt einem Zeugen einen ganzen Tag lang alle erdenklichen Fragen gestellt. Doch erst diese Schlussfrage führte dazu, dass der Vernommene plötzlich ein ganz neues Thema anschnitt, an das keiner vorher gedacht hatte – der Hinweis, dass wir vielleicht mit der wichtigsten Person im Kartell noch gar nicht gesprochen hatten.

Nach der offiziellen Befragung folgt also ein Teil, den ich als besonders hilfreich empfinde: Die fünf Minuten, in denen der Ermittler noch mit dem Gesprächspartner plaudern kann. Die Arbeit ist getan, die Atmosphäre oft entspannt, man kann sich frei unterhalten. Selbst die Anwälte des Befragten fühlen sich nicht mehr verpflichtet, zu jeder Bemerkung etwas zu sagen. Eine ähnliche Situation herrscht auch während Kaffee- oder Raucherpausen. Die Teilnehmer können sich informell austauschen, allerdings ist die Atmosphäre meist noch etwas angespannt, da auf die Beteiligten eine weitere Fragerunde wartet. Ich erzählte den Befragten in den Pausen gerne ein wenig darüber, wie es weitergeht. Oft erzählten sie dann etwas darüber, wie sie weitermachen wollten, zum Beispiel, dass sie gegen alle unsere Entscheidungen klagen würden, oder dass sie die Sache doch sehr gerne schnell vom Tisch hätten und an einem Settlement interessiert seien, was sie während der offiziellen Vernehmung aufgrund der implizierten Schuldeingeständnisses nie tun würden. Teils sagten Beschuldigte oder Zeugen dann auch, wovon ihre Aussage abhängt. „Ohne dass mein Vorstand zustimmt, darf ich hier eigentlich gar nichts sagen". Im vorstehenden Fall deutete der Zeuge an, dass nicht er, sondern sein Vorstand darüber entscheiden würde, wie sich das Unternehmen verhielt und ob man vielleicht zu einem Settlement – Geständnis gegen Strafreduktion und schnellen Verfahrensabschluss – kommen könnte.

Die fünf Minuten Nachgespräch sind häufig der informativste Teil der ganzen Befragung. Ich lud sogar manchmal Zeugen zum Gespräch ein, von denen ich wusste, dass sie nichts zur Sache sagen würden, einfach, um diese fünf Minuten zu bekommen. Auch bei meinen Marktstudien bei der OECD und den Gesprächen mit zahlreichen Vertretern von Verbänden freute ich mich immer auf die Kaffeepause oder das Nachgespräch. Bei meiner Untersuchung in Mexiko fragte ich beispielsweise, dass wir zwar nicht zum Thema Korruption ermittelten, mich aber doch interessieren würde, wie sie die Anschuldigungen der Presse sähen. Auch hier erhielt ich manchmal Informationen, die wertvoller waren als die des gesamten Interviews.

Im Fall des Hotelinvestor war das informelle Nachgespräch gleichermaßen erfolgreich. Nachdem wir in der Verhandlung deutlich, aber höflich seine Geschichte von den Baumängeln angezweifelt und darauf hingewiesen hatten, dass diese vor Gericht nicht standhalten würden, sagte er im Nachgespräch, er müsse den Sachverhalt noch einmal überdenken und wir sollten uns erneut treffen. Beim nächsten Treffen bot er eine Summe an, die zwar ein wenig geringer als der vereinbarte Kaufpreis war, die er aber innerhalb von 14 Tagen überweisen würde. Wir fragten ihn, warum wir ihm diesmal glauben sollten. Er erklärte, dass er das Geld bereits im Voraus auf das Treuhandkonto des Notars überweisen werde. Die geschah dann auch! Das Ergebnis mag Puristen erzürnen, denn wir hätten ja auch die volle Summe vor Gericht einklagen können. Doch Gerichtsprozesse sind teuer, langwierig und voller Überraschungen. Oftmals lohnt eine Verhandlungslösung mit kleinen Abschlägen mehr als die Jagd nach der Taube auf dem Dach!

21.1 Merksätze des vierten Teils

- Das sechsstufige Vernehmungsmodell kann für Interviews, Gespräche oder in Verhandlungen genutzt werden. Die einzelnen Stufen lauten:
  1. Vorbereitung,
  2. Opening,
  3. Freier Bericht,
  4. Befragung,
  5. Geständnis (optional) und
  6. Nachgespräch.
- Vor der Befragung sollte der Informationsbedarf klar sein. Die vorbereitete Fragenliste kann dann während des Gesprächs flexibel angepasst werden kann.
- Der Fragensteller sollte seinem Gegenüber zeigen, dass er gut vorbereitet ist, dabei aber seinen genauen Wissenstand für sich behalten.
- Ein Vernehmungsort sendet eine Botschaft. Er muss sicherstellen, dass er die nötige Ruhe bietet und es keine Ablenkungen gibt.
- Ein Ermittler sollte dem Gesprächspartner aufrichtige Wertschätzung entgegenbringen.
- Ein Ermittler soll sich nicht von taktischen Manövern seines Gegenübers provozieren lassen.

- Keine Aussage ist ungeprüft als richtig einzustufen.
- Freier Bericht, offene Fragen, geschlossene Fragen. Alle Fragen sollten vor allem wertfrei, positiv und verständlich sein.
- Der freie Bericht birgt oft viele brauchbare Informationen. Ein Ermittler sollte deshalb so wenig wie möglich eingreifen.
- Es gibt keine richtigen oder falschen Frageformen, alles hängt von der Situation ab.
- Fragen Sie: „Warum sollte ich Ihnen glauben?"
- Stellen Sie Metafragen. Sprechen Sie zum Beispiel die Atmosphäre eines Gesprächs an.
- In den meisten Vernehmungen steht die Informationsgewinnung im Vordergrund, nicht das Geständnis des Vernehmungsteilnehmers.
- **Täter geben nur ungern ein Geständnis ab. Am ehesten geschieht dies, wenn sie davon ausgehen, dass der Ermittler den Sachverhalt bereits umfassend kennt.**
- Manchmal erfordern Geständnisse den Aufbau von Druck. Allerdings können unter Druck auch falsche Geständnisse zustandekommen. Ein Ermittler muss jedes Geständnis auf seine Richtigkeit hin überprüfen.
- Die richtige Vernehmungsmethode kann die Wahrscheinlichkeit eines Geständnisses erhöhen.
- Nutzen Sie das Nachgespräch zur informellen Verständigung.

22

30 Tipps für eine effizientere Gesprächsführung

Und jetzt sind Sie dran! Sie haben in diesem Buch hoffentlich einiges über Vernehmungstechniken von Ermittlern gelernt, über Lügen und wie diese erkennbar sind, über Irrtümer und Fehlerquellen und über mein eigenes Vernehmungsmodell. Auch, wenn viele von Ihnen wohl nicht offiziell vernehmen werden, führen Sie regelmäßig mehr oder minder formelle Gespräche. Deshalb habe ich Ihnen die folgenden 30 Grundsätze zusammengestellt. Diese können Sie in nahezu allen Gesprächssituationen nutzen, in denen Sie mehr Informationen brauchen. Sollten Sie darüber hinaus noch tiefer in die Arbeit der Ermittler, Ihrer Techniken, Tipps und Tricks eintauchen wollen, melden Sie sich gern über die Webseite www.erzählmiralles.de für eines meiner Seminare an!

1. Machen Sie sich bewusst, dass Wissen Macht bedeutet. Je mehr Sie wissen, desto besser können Sie verhandeln.
2. Mündliche Gespräche führen in der Regel zu mehr Details und relevanteren Informationen als schriftliche Befragungen.
3. Nehmen Sie sich Zeit und bereiten Sie sich gut auf wichtige Gespräche vor. Machen Sie sich klar, wo ihre Wissenslücken liegen und was Sie eigentlich von Ihrem Gesprächspartner erfahren möchten.

4. Zeigen Sie Ihren Gesprächspartnern, dass Sie gut vorbereitet sind, aber geben Sie nie bekannt, wie viel Sie genau wissen. Im Zweifel: Deuten Sie lieber an, mehr zu wissen, als es eigentlich der Fall ist.
5. Denken Sie daran, dass jeder Gesprächspartner auch eine eigene Agenda hat. Fragen Sie sich, warum Ihr Gesprächspartner Ihnen bestimmte Informationen gibt. Fragen Sie sich auch, ob er ein Motiv haben könnte, Sie anzulügen.
6. Nehmen Sie sich bei wichtigen Gesprächen etwas Zeit für Small Talk, das Aufbauen einer persönlichen Verbindung. Zeigen Sie Ihren Gesprächspartnern Wertschätzung.
7. Lassen Sie Ihren Gesprächspartner zu Beginn der Kommunikation frei sprechen. Unterbrechen Sie ihn nicht, bleiben Sie wertfrei! Den Aussagen des freien Berichts können Sie nahezu ausnahmslos trauen.
8. Wenn weitere Personen im Raum stehen, klären Sie die Beziehungsverhältnisse untereinander.
9. Beobachten Sie, wie sich Ihr Gesprächspartner während seines freien Berichts verhält. Ermitteln Sie eine „baseline":

   1. Wie ist sein Sprechtempo?
   2. Macht er Denkpausen?
   3. WQelche Körpersprache nutzt er?
   4. Wie detailreich ist seine Erzählung?

10. Vermeiden Sie es, von einer Person auf die Richtigkeit seiner Aussage zu schließen. Auch erfolgreiche Geschäftsleute lügen, manchmal sogar sehr gut!
11. Fragen Sie immer nur eine Frage auf einmal. Bleiben Sie dabei wertfrei, positiv und verständlich.
12. Verlassen Sie sich nicht zu sehr auf Ihr Bauchgefühl.
13. Klären Sie Andeutungen auf und vermeiden Sie naheliegende Schlüsse, wenn die Gefahr besteht, dass Ihr Gesprächspartner sie täuschen möchte. Haken Sie nach!
14. Lügner erwecken oft den Eindruck, als würden sie tief und gründlich nachdenken.
15. Achten Sie auf Glaubhaftigkeitsmerkmale, insbesondere darauf, wie viele Details Ihnen Ihr Gegenüber erzählt, ob die Struktur seiner

Erzählung gleichbleibt, ob er seine Aussage steuert und ob er über einen längeren Zeitraum seine Geschichte beibehält, sie also konsistent erzählen kann.

16. Das eine Merkmal für eine Lüge gibt es nicht, aber es gibt Warnhinweise. Wenn Ihr Gegenüber keinerlei Glaubhaftigkeitsmerkmale zeigt, ist dies ein starker Warnhinweis.
17. Im Zweifel, fragen Sie: „Warum sollte ich Ihnen glauben?"
18. Irrtümer sind gefährlicher als Lügen, da der Erzähler oft alle Glaubhaftigkeitsmerkmale zeigt.
19. Erinnerungen hängen stark von persönlichen Erfahrungen und Neigungen ab. Allerdings können alte Erinnerungen verblassen, vermischt werden oder eine positive Färbung zugunsten des Erzählers enthalten.
20. Zeugen, deren Erinnerungen verblassen, sind sich oft subjektiv sehr sicher über die Korrektheit ihrer Erinnerung. Bleiben Sie hier wachsam!
21. Begegnen Sie Schätzungen mit Misstrauen.
22. Menschen können sich an traumatische Erlebnisse fast immer sehr gut erinnern.
23. Helfen Sie den Erinnerungen Ihres Gesprächspartners auf die Sprünge, indem Sie nach Details fragen und das Geschehen kontextualisieren oder indem Sie Ihren Gesprächspartner bitten, ein Ereignis in umgedrehter Reihenfolge zu erzählen. Mit dieser Vorgehensweise können Sie auch die Glaubwürdigkeit einer Erzählung testen.
24. Wenn sich Gesprächspartner an etwas nicht mehr erinnern können und Ihnen dies seltsam vorkommt, fragen Sie: „Können Sie denn ausschließen, dass …?"
25. Versuchen Sie es mit Suggestivfragen, wenn Ihr Gesprächspartner Sie über seine Ansichten im Dunklen lässt.
26. Fragen Sie nach dem Bauchgefühl Ihres Gesprächspartners. Wenn er sich offensichtlich unwohl fühlt, fragen Sie, was ihn stört.
27. Fragen Sie, was Ihr Gesprächspartner Ihnen für Ihre Untersuchung oder Ihre Verhandlungsstrategie raten würde.
28. Wenn Sie wollen, dass Ihr Gesprächspartner Ihnen etwas gesteht, müssen Sie ihm das Gefühl geben, dass Sie bereits alle Fakten

kennen. Sichern Sie ein einmal gegebenes Geständnis mit weiteren Bestätigungsfragen ab.
29. Nutzen Sie auch das Nachgespräch, um weitere Informationen zu erfahren und sich informell auszutauschen.
30. Oftmals ist eine Verhandlungslösung mit geringen Abschlägen besser als ein langjähriger Rechtsstreit.

Weiterführende Literatur

Decker, R/Köhnken G (2018–2024) Die Erhebung und Bewertung von Zeugenaussagen im Strafprozess: Juristische, aussagepsychologische und psychiatrische Aspekte | Band 1–6, Berliner Wissenschafts Verlag, Berlin

Ferrano, Eugene (2019): Investigative Interviewing – Psychology, Method and Practice (Wiley Series in Psychology of Crime, Policing, and Law), Wiley, Hoboken, New Jersey, USA

Hermanutz M/Litzke S/Kroll O (2018): Strukturierte Vernehmung und Glaubhaftigkeit (4. Auflage), Richard Boorberg Verlag, Stuttgart

Thile, C. (2024). Interviews führen (3. Aufl.). Herbert von Halem Verlag, Köln

GPSR Compliance

The European Union's (EU) General Product Safety Regulation (GPSR) is a set of rules that requires consumer products to be safe and our obligations to ensure this.

If you have any concerns about our products, you can contact us on

ProductSafety@springernature.com

In case Publisher is established outside the EU, the EU authorized representative is:

Springer Nature Customer Service Center GmbH
Europaplatz 3
69115 Heidelberg, Germany

www.ingramcontent.com/pod-product-compliance
Lightning Source LLC
LaVergne TN
LVHW011006250326
834688LV00004B/107